DL/T 612—2017

《电力行业锅炉压力
容器安全监督规程》
解读

标准编制组　编

中国电力出版社
CHINA ELECTRIC POWER PRESS

内 容 提 要

本解读中，按 DL/T 612—2017《电力行业锅炉压力容器安全监督规程》（以下简称本规程）的条文顺序对本规程内容加以逐条解读。先列出本规程的条文，再将原 DL 612—1996《电力工业锅炉压力容器监察规程》（以下简称原规程）的相应条文紧随其后，以加阴影框的文字标出。新旧规程之后是本次解读的内容。

本解读适合从事监督管理、金属材料、锅炉、焊接、化学、热工、基建的管理人员和专业技术人员阅读，是电力行业锅炉压力容器安全监督管理工程师培训、考核必备读物。

图书在版编目（CIP）数据

DL/T 612—2017《电力行业锅炉压力容器安全监督规程》解读/标准编制组编. —北京：中国电力出版社，2018.3
ISBN 978-7-5198-1870-8

Ⅰ．①D… Ⅱ．①标… Ⅲ．①火电厂－锅炉－安全管理－规程－中国 ②火电厂－压力容器－安全管理－规程－中国 Ⅳ．①TM621.2-65

中国版本图书馆 CIP 数据核字（2018）第 050973 号

出版发行：中国电力出版社
地　　址：北京市东城区北京站西街 19 号（邮政编码 100005）
网　　址：http://www.cepp.sgcc.com.cn
责任编辑：郑艳蓉（010-63412379）　娄雪芳
责任校对：朱丽芳
装帧设计：赵姗姗
责任印制：蔺义舟

印　　刷：三河市百盛印装有限公司
版　　次：2018 年 3 月第一版
印　　次：2018 年 3 月北京第一次印刷
开　　本：880 毫米×1230 毫米　32 开本
印　　张：5.5
字　　数：153 千字
印　　数：0001—2000 册
定　　价：32.00 元

编　委　会

前　　言

本标准是根据国家能源局国能科技〔2016〕238 号"2016 年能源领域行业标准制（修）订计划"的要求进行修订的，计划编号：20160473。

DL 612—1996《电力工业锅炉压力容器监察规程》发布实施于 1996 年，至今已有 20 余年时间。期间由于电力体制改革，国家电力公司已拆分，原规程中有关国家电力公司管理体制下的监察管理要求，已不适应于当前电力体制下的锅炉压力容器监督管理工作。

随着近几年电力行业的快速发展，大容量、高参数的超临界机组大量投产，新材料、新结构、新技术广泛使用，需要将近几年生产中发现的新问题、新经验及科研成果补充到规程中，以适应当前监督管理工作的需求。

1996 版《电力工业锅炉压力容器监察规程》是在 1985 版《电力工业锅炉监察规程》基础上，依据原劳动部《蒸汽锅炉安全技术监察规程》和《压力容器安全技术监察规程》的要求，结合电力行业特点修订的。近 20 年来，国家质检总局对原劳动部的规程已进行多次修订，内容变化较大。电力行业的有关规程也应与国家质检总局的要求保持一致。

基于上述原因，本次修订对规程的名称、适用范围、内容进行了较大修改，删除了已不适用的条款，增加了新材料、新结构、新的管理要求条款。

1. 标准修订依据

本次修订的主要依据有：

（1）TSG G0001—2012《锅炉安全技术监察规程》、TSG 21—2016《固定式压力容器安全技术监察规程》；

（2）有关锅炉压力容器设计、制造、材料等专业的国家及行业标准；

（3）有关焊接、热工、化学等其他专业的电力行业标准；

（4）生产过程中发现的问题及采取的改进措施等。

2．标准修订过程

2016年1月初，由国网辽宁电力科学研究院牵头，组建了由行业内监督管理、金属材料、锅炉、焊接、化学、热工、基建等方面的专家组成的规程修订组，并于1月25日在沈阳召开了修订组首次会议。会议提出将《电力工业锅炉压力容器监察规程》更名为《电力行业锅炉压力容器安全监督规程》，按"安全监督"的原则制定了修订大纲，提出了规程修订的基本原则及要求，并进行了修订工作分工。

2016年4月及2016年6月，分别在北京和石家庄两次召开了规程修订初稿讨论会，对各章节内容进行了审核讨论，提出了修改意见。

2016年9月初，形成征求意见稿，并报中电联标准化中心。9月14日，中电联标准化中心将规程征求意见稿发布上网，并发送给电力行业各相关专业标委会。同时，规程编制组向各大发电集团、电力建设集团、中国特种设备检验协会、各大锅炉厂等有关单位发送了征求意见稿。至10月底，共收到各大发电集团、电建公司、锅炉厂、电力行业各专业标委会、电力科学研究院等反馈意见200余条。

2016年12月22日至23日，在沈阳召开了修订组扩大会议，邀请有关发电集团、锅炉厂、电力行业专业标委会的专家与标准修订组成员共同对反馈意见逐条进行了讨论。

修订组根据反馈意见讨论结果，对规程做了进一步修改，于2017年2月形成规程送审稿，报送中电联标准化中心。

2017年4月20日至21日，由中电联标准化中心组织的标准评审组在武汉对本规程进行了评审。与会专家一致同意本规程送审稿通过审查，并提出了13条修改意见。修订组按照审查意见将规程修改完善后，于 2017 年 6 月向中电联标准化中心提出报批稿。

2017 年 11 月 15 日，国家能源局发布 DL/T 612—2017《电力行业锅炉压力容器安全监督规程》，将于 2018 年 3 月 1 日起实施。

参加本规程修订的主要单位和人员如下：

国网辽宁省电力有限公司电力科学研究院	张超群、李宏强、郑永福、冷杰、管庆相、潘春生
浙江省能源集团有限公司	徐绍平
中国大唐集团科学技术研究院	蔡文河
国网河北省电力公司电力科学研究院	姜运建
华北电力科学研究院有限责任公司	赵卫东
电力工程质量监督总站	白洪海
武汉华科能源环境科技有限公司	张传虎
国电科学技术研究院	韩宗国、胡先龙
辽宁电力建设监理有限公司	武宝华
国网山东省电力公司电力科学研究院	张广成
华能玉环电厂	邵天佑
大唐南京发电厂	谢斌

3. 标准主要修订内容

（1）变更了标准的名称。

为适应电力体制改革的变化，将原规程名称《电力工业锅炉压力容器监察规程》变更为《电力行业锅炉压力容器安全监督规程》。

（2）调整了规程章节结构。

1）将原规程第 6 章"压力容器与管道设计、制造"拆分并改写为第 7 章"压力容器"和第 8 章"汽水管道及阀门"，删除了原规程 11 章"锅炉房"。

2）按 GB/T 1.1 的格式要求，将原来第一章的"规程监督范围"调整至第 3 章。

3）每章内容重新归类调整，增加了段落小标题，便于查找和阅读。

4）章节顺序做了相应调整。

（3）修改了标准适用范围。

1）为适应电力行业发电锅炉发展状况，将原规程适用范围"额定蒸汽压力等于或大于 3.8MPa 供火力发电用的蒸汽锅炉"修改为"额定蒸汽压力不小于 9.8MPa 的发电蒸汽锅炉"。

2）根据发电企业压力容器监督管理的实际情况，将原规程中适用于"热力系统压力容器"修改为"发电用压力容器"。

（4）"第 4 章　监督管理"修订内容。

1）原规程第 4 章"监察管理"修改为"监督管理"，并修改了原规程中有关"集团公司、省公司"的监察管理条文。

2）增加了发电企业锅炉压力容器安全管理机制、机构、人员方面的要求；增加了设备监造条文。

3）修改了原规程锅炉压力容器检验、使用登记、事故报告条文。

4）删除了原规程 4.5、4.6、4.7 条中按原管理体制进行注册登记、事故调查、退役管理等条文，删除了原规程出厂资料下面的明细。

（5）"第 5 章　金属材料"修订内容。

1）原规程第 7 章"金属材料"调整为第 5 章"金属材料"。

2）增加了材料信息、联络单内容、保管等方面的具体细节要求。

3）增加了高铬钢、18Cr-8Ni 等级的奥氏体钢管、600℃参数以上锅炉承压部件的新型材料的选用、抗氧化、材料有关性能信息等要求。

4）删除了原规程材料选用表格。

（6）"第 6 章　锅炉"修订内容。

1）原规程第 5 章"锅炉结构"更名为第 6 章"锅炉"。

2）增加了锅炉水冷壁采用螺旋管圈时，灰渣斗水平夹角设计、直流锅炉蒸发受热面管屏间的温差热应力、炉膛设计瞬态应力、锅炉钢结构设计要求。

3）增加了直流锅炉的特殊规定条文。

4）修改了锅炉膨胀、水冷壁节流圈、喷水减温器、炉顶密封、炉膛结构、烟道承压、大板梁挠度条文。

5）删除了锅炉装设防爆门、锅炉构架与锅炉房构架之间的支吊架条文。

（7）"第7章 压力容器"修订内容。

1）由原规程第6章"压力容器与管道设计、制造"拆分为独立的第7章"压力容器"。

2）修改了压力容器设计、除氧器设计、制造，扩容器强度设计等条文。

3）增加了高压加热器疏水防冲板、储氢罐、液氨储罐等条文。

4）删除了压力容器出厂水压试验条文。

5）删除了原规程6.6条中每台锅炉应有独立排污、放水导出管的条文。

（8）"第8章 汽水管道及阀门"修订内容。

1）由原规程第6章"压力容器与管道设计、制造"拆分出管道内容，与原规程第9章9.7"主要阀门"内容合并为独立的第8章"汽水管道及阀门"。

2）增加了汽水管道及阀门设计和制造、检验及验收等条文。

3）修改了"汽水管道设计、应力计算""管件配制加工、弯头制造公差"条文。

4）删除了装设蠕变测点条文。

5）原规程9.7有关阀门条文全部重写。

（9）"第9章 受压元件焊接"修订内容。

1）原规程第8章"受压元件焊接"调整为第9章"受压元件焊接"。

2）修改了焊接执行标准、焊接操作人员、无损检测人员、焊接质量检验、焊接记录条文。

3）修改了焊接工艺评定和热处理工艺的引用标准条文。

4）增加了9%～12% Cr 马氏体耐热钢、奥氏体耐热钢及镍基合金焊接要求条文。

5）删除了用镶嵌方法补焊、水压试验条文。

（10）"第 10 章　安全保护装置及仪表"修订内容。

1）原规程第 9 章"安全保护装置及仪表"调整为第 10 章"安全保护装置及仪表"。

2）增加了安全阀材料、设计、制造、安装、检验、使用、校验条文。

3）增加了装设动力驱动泄放阀、安全阀加装消音装置条文。

4）修改了亚临界汽包锅炉应配置水位计数量、汽包水位测量系统要求、就地水位计结构等条文。

5）修改了锅炉自动调节系统、安全保护装置、直流锅炉温度警报和断水保护装置、主燃料跳闸、停炉联锁保护条文。

6）删除了控制室内装设远传水位表、差压式远传水位表压力补偿、亚临界汽包锅炉启动调试水位标定试验条文。

（11）"第 11 章　锅炉化学监督"修订内容。

1）原规程第 10 章"锅炉化学监督"调整为第 11 章"锅炉化学监督"。

2）修改了锅炉整体水压水质要求条文。

3）修改了运行锅炉化学清洗、锅炉停备用条文。

4）删除了锅炉化学清洗间隔表。

（12）"第 12 章　安装和调试"修订内容。

1）增加了锅炉、压力容器及汽水管道安装基本要求、锅炉安装监督检验等条文。

2）修改了安装单位质量管理体系、安装施工及验收、安装前设备到货验收及安全性能检验条文。

3）修改了锅炉建筑工程验收、锅炉构架底部沉降测量，锅炉水压前验收条文。

4）增加了锅炉分部试运、整套启动、启动验收条文。

（13）"第 13 章　运行管理和修理改造"修订内容。

1）增加了发电企业管理制度、检修作业安全措施条文。

2）增加了锅炉等离子点火、直流锅炉启动、超（超）临界锅炉给水品质、锅炉燃烧调整等条文。

3）修改了锅炉燃用的煤质要求条文。

4）删除了锅炉值班人员要求条文。

（14）"第 14 章　检验"修订内容。

1）增加了锅炉压力容器及汽水管道安全性能检验、安装质量检验条文。

2）增加了锅炉检验前准备、检验结果评定条文。

3）修改了锅炉水压试验、试验压力、试验过程条文。

4）删除了管道蠕变测量、石墨化检验条文。

本书编写过程中得到了 DL/T 612《电力行业锅炉压力容器安全监督规程》标准编写组成员的大力支持，编写人员分工如下：范围、总则、监督管理、运行管理与修理改造解读由徐绍平、谢斌编写；金属材料解读由蔡文河、赵卫东编写；锅炉解读由冷杰编写；压力容器解读由韩宗国编写；汽水管道及阀门解读由李宏强编写；受压元件焊接解读由姜运建、赵卫东编写；安全保护装置及仪表解读由张传虎、管庆相编写；锅炉化学监督解读由潘春生编写；安装与调试解读由张超群编写；检验解读由郑永福编写。本书的审核工作由编委会成员互相审核而成，此外，胡先龙、邵天佑参与了本书的审核工作，在此一并表示感谢。

限于编者水平，书中难免有疏漏之处，恳请读者不吝指正。

编者

2018.2

目　录

1 范围

本标准规定了电力行业锅炉压力容器安全监督要求。

本标准适用于发电用额定压力大于或等于 9.8MPa 的蒸汽锅炉、发电厂热力系统主要汽水管道、发电用压力容器。额定压力小于 9.8MPa 的发电锅炉可参照执行。

1 范围

本规程适用于额定蒸汽压力等于或大于 3.8MPa 供火力发电用的蒸汽锅炉、火力发电厂热力系统压力容器及主要汽水管道。额定蒸汽压力小于 3.8MPa 的发电锅炉可参照执行。

规程监察范围：

a）锅炉本体受压元件、部件及其连接件；

b）锅炉范围内管道；

c）锅炉安全保护装置及仪表；

d）锅炉房；

e）锅炉承重结构；

f）热力系统压力容器：高、低压加热器、除氧器、各类扩容器等；

g）主蒸汽管道、主给水管道、高温和低温再热蒸汽管道。

【解读】修订条文。

由于电力行业发电机组参数的快速提高，目前 3.8MPa 压力等级的发电锅炉已基本退出使用，继续沿用原有参数规范既不能适应当前发电用大容量蒸汽锅炉发展管理需要，也不能体现有效指导安全与技术监督管理的目的，因此本次修订时调整了适用压力等级，将原来的 3.8MPa 等级调整到 9.8MPa 等级，以更好地满足对高参数发电锅炉设备技术指导的需要。同时对蒸汽锅炉去除了"火力发电"的特定要求，以适用各类型发电用蒸汽锅炉。考虑到电厂增加了许多非热力系统的生产用压力容器，本次修订将压力容器的适用范围由原来的"热力系统"调整为"发电用"。

锅炉压力容器监察范围调整到下文 4.1 条"监督对象"。

2 规范性引用文件

下列文件对于本文件的应用是必不可少的。凡是注日期的引用文件，仅注日期的版本适用于本文件。凡是不注日期的引用文件，其最新版本（包括所有的修改单）适用于本文件。

TSG G0001　锅炉安全技术监察规程

TSG 21　固定式压力容器安全技术监察规程

TSG ZF001　安全阀安全技术监察规程

GB/T 150　压力容器

GB/T 151　热交换器

GB/T 10869　电站调节阀

GB/T 12145　火力发电机组及蒸汽动力设备水汽质量

GB/T 12220　工业阀门　标志

GB/T 12241　安全阀　一般要求

GB/T 16507.3　水管锅炉　第 3 部分：结构设计

GB/T 16507.4　水管锅炉　第 4 部分：受压元件强度计算

GB/T 16507.5　水管锅炉　第 5 部分：制造

GB/T 16507.7　水管锅炉　第 7 部分：安全附件和仪表

GB/T 22395　锅炉钢结构设计规范

GB 26164.1　电业安全工作规程　第 1 部分：热力和机械

DL/T 292　火力发电厂汽水管道振动控制导则

DL/T 438　火力发电厂金属技术监督规程

DL/T 515　电站弯管

DL/T 561　火力发电厂水汽化学监督导则

DL/T 586　电力设备监造技术导则

DL/T 616　火力发电厂汽水管道与支吊架维护调整导则

DL/T 641　电站阀门电动执行机构

DL/T 647　电站锅炉压力容器检验规程

DL/T 677　发电厂在线化学仪表检验规程

DL/T 678　电力钢结构焊接通用技术条件

DL/T 695　电站钢制对焊管件

DL/T 715　火力发电厂金属材料选用导则

DL/T 734　火力发电厂锅炉汽包焊接修复技术导则

DL/T 752　火力发电厂异种钢焊接技术规程

DL/T 794　火力发电厂锅炉化学清洗导则

DL/T 819　火力发电厂焊接热处理技术规程

DL/T 820　管道焊接接头超声波检验技术规程

DL/T 821　金属熔化焊对接接头射线检测技术和质量分级

DL/T 850　电站配管

DL/T 855　电力基本建设火电设备维护保管规程

DL/T 868　焊接工艺评定规程

DL/T 869　火力发电厂焊接技术规程

DL/T 874　电力行业锅炉压力容器安全监督管理工程师培训考试规程

DL/T 884　火电厂金相检验与评定技术导则

DL/T 889　电力基本建设热力设备化学监督导则

DL/T 956　火力发电厂停（备）用热力设备防锈蚀导则

DL/T 959　电站锅炉安全阀技术规程

DL/T 991　电力设备金属光谱分析技术导则

DL/T 1144　火电工程项目质量管理规程

DL/T 1269　火力发电建设工程机组蒸汽吹管导则

DL/T 1393　火力发电厂锅炉汽包水位测量系统技术规程

DL/T 5054　火力发电厂汽水管道设计规范

DL 5190.2　电力建设施工技术规范　第2部分：锅炉机组

DL 5190.4　电力建设施工技术规范　第4部分：热工仪表及控制装置

DL 5190.5　电力建设施工技术规范　第5部分：管道及系统

DL 5190.6　电力建设施工技术规范　第6部分：水处理及制

氢设备和系统

DL/T 5210.2 电力建设施工质量验收及评价规程 第2部分：锅炉机组

DL/T 5210.5 电力建设施工质量验收及评价规程 第5部分：管道及系统

DL/T 5210.7 电力建设施工质量验收及评价规程 第7部分：焊接

DL/T 5294 火力发电建设工程机组调试技术规范

DL/T 5295 火力发电建设工程机组调试质量验收及评价规程

DL/T 5366 发电厂汽水管道应力计算技术规程

DL/T 5428 火力发电厂热工保护系统设计技术规定

DL/T 5437 火力发电建设工程启动试运及验收规程

DL/T 5445 电力工程施工测量技术规范

JB/T 3375 锅炉用材料入厂验收规则

JB/T 7927 阀门铸钢件外观质量要求

JB/T 8184 汽轮机低压给水加热器 技术条件

JB/T 8190 高压加热器 技术条件

JB/T 9624 电站安全阀 技术条件

JB/T 10325 锅炉除氧器技术条件

NB/T 47013 承压设备无损检测

NB/T 47014 承压设备焊接工艺评定

NB/T 47018 承压设备用焊接材料订货技术条件

NB/T 47043 钢结构制造技术规范

NB/T 47044 电站阀门

2 引用标准 旧版条文

下列标准所包含的条文，通过在本标准中引用而构成为本标准条文。在标准出版时，所示版本均为有效。所有标准都会被修订，使用本标准的各方应探讨使用下列标准最新版本的可能性。

GB 150—89 钢制压力容器

GB 151—89 钢制管壳式换热器

GB 9222—88 水管锅炉受压元件强度计算

GB 12145—89 火力发电机组及蒸汽动力设备水汽质量标准

DL 435—91 火力发电厂煤粉锅炉燃烧室防爆规程

DL 438—91 火力发电厂金属技术监督规程

DL 439—91 火力发电厂高温紧固件技术导则

DL 441—91 火力发电厂高温高压蒸汽管道蠕变监督导则

DL 5000—94 火力发电厂设计技术规程

DL 5007—92 电力建设施工及验收技术规范（火力发电厂焊接篇）

DL 5031—94 电力建设施工及验收技术规范（管道篇）

DL/T 515—94 电站弯管

DL/T 561—95 火力发电厂水汽化学监督导则

DLJ 58—81 电力建设施工及验收技术规范（火力发电厂化学篇）

DL/T 5047—95 电力建设施工及验收技术规范（锅炉机组篇）

DL/T 5054—1996 火力发电厂汽水管道设计技术规定

SD 135—86 火力发电厂锅炉化学清洗导则

SD 223—87 火力发电厂停（备）用热力设备防锈蚀导则

SD 246—88 化学监督制度

SD 263—88 焊工技术考核规程

SD 268—88 燃煤电站锅炉技术条件

SD 340—87 火力发电厂锅炉压力容器焊接工艺评定规程

SDJ 68—84 电力基本建设热力设备维护、保管规程

SDJ 279—90 电力建设施工及验收技术规范（热工仪表及控制装置篇）

> SDGJ 6—78　火力发电厂汽水管道应力计算技术规定
> SDJJS 03—88　电力基本建设热力设备化学监督导则
> JB/T 3375—91　锅炉原材料入厂检验规则

【解读】修订条文。

本规程规范性引用文件 71 个，完全涵盖了原规程的 27 个规范性引用文件，并增加了相关专业技术标准。

3　总则

3.1　电力行业锅炉压力容器安全监督工作应贯彻"安全第一、预防为主、节能环保、综合治理"的原则，有关设计、制造、安装、调试、运行、修理改造、检验等单位应遵守本标准。

3.2　电力行业锅炉压力容器安全监督实行分级管理，并接受行业和政府监督管理部门的监督和指导。

> **旧版条文**
>
> 3.1　为保证电力工业发电锅炉、火力发电厂热力系统压力容器和主要汽水管道的安全运行，延长使用寿命，保护人身安全，特制定本规程。
>
> 3.2　电力工业锅炉压力容器监察工作必须贯彻"安全第一，预防为主"的方针，实行分级管理，对受监设备实施全过程监督。有关设计、制造、安装、调试、运行、修理改造、检验等部门应遵守本规程。在编制受监设备有关规程制度时，应符合本规程的规定。

【解读】修订条文。

锅炉压力容器安全监督管理贯穿于从设计开始直至退役的整个过程中，原规程已有规定。本次修订将原电力工业锅炉压力容器监察工作方针修改为与《特种设备安全法》相一致的特种设备安全工作原则，增加了节能环保和综合治理的原则，强调有关设计、制造、安装、调试、运行、修理改造、检验等单位应遵守本标准，突出对锅炉压力容器综合性能全过程安全监督管理的重要性和必要性。

取消了原规程3.1条标准编制目的之描述。

明确了锅炉压力容器安全监督工作接受行业和政府监督管理部门的监督和指导。

电力行业锅炉压力容器安全监督实行分级管理是指电力行业锅炉压力容器安全监督管理委员会、发电集团公司锅监委、发电企业锅监委等层级，其中发电集团公司锅监委应接受电力行业锅炉压力容器安全监督管理委员会的指导，发电企业锅监委应接受本发电集团公司锅监委管理和指导。

政府监督管理部门包括国家和地方各级特种设备监督管理部门。

3.3　发电集团公司应设立锅炉压力容器安全监督管理机构，负责本集团公司锅炉压力容器的安全监督管理工作。

3.4　发电企业应成立锅炉压力容器安全监督管理机构，并配备锅炉压力容器安全监督管理工程师（以下简称锅监师）及必要的专业人员。安装单位也应配备锅监师。

旧版条文

4.2　集团公司和省电力公司应设置锅炉压力容器监察机构，配备必要的专业人员。火电厂、火电安装单位和锅炉压力容器检验单位应配备锅炉监察工程师。

监察工程师的考核、发证，按部颁《电力工业锅炉压力容器安全监察规定》执行。

【解读】修订条文。

本次修订的3.3条和3.4条是结合当前电力企业体制机构的变化和安全生产监督管理的实际，要求各发电集团设立锅炉压力容器安全监督管理机构，履行上级公司对下属企业锅炉压力容器这类特种设备加强安全生产监督管理的职责。对发电企业监督管理机构和人员的要求是发电企业履行安全生产责任主体的需要。要求安装单位配备锅监师是因为锅炉和压力容器安装施工不仅是大型火电机组安装过程中的重要环节，而且设备装置数量多、工作量大、专业性强、法规和标准要求高，更重要的是安装质量直接影响锅炉压力容器投运后的安全可靠稳定运行，需要由经过锅炉压力容器安全监督管理培训的专业人员来加强管理。

检验单位通常不参与发电企业对锅炉压力容器的直接管理，故删除了检验单位配置锅监师的要求。原规程中的集团公司和省电力公司是指电力改革厂网分开前的各大区电力集团公司和省电力公司，修订后的集团公司明确了是指发电集团公司。

锅监师考核取证的要求仍然保留在下文 4.2 节。

3.5 发电企业锅炉压力容器安全监督管理机构和锅监师负责本标准贯彻执行。

旧版条文

3.3 电力工业各级锅炉压力容器监察机构和锅炉压力容器安全监察工程师（以下简称锅炉监察工程师）负责监督本规程的贯彻执行。

【解读】修订条文。

本次修订将本标准的贯彻执行者调整为发电企业锅炉压力容器安全监督管理机构和锅监师，主要是强调发电企业是锅炉压力容器安全生产最主要的主体责任者，与 3.1 条规定的有关设计、制造、安装、调试、运行、修理改造、检验等单位应遵守本标准同样重要。

4 监督管理

4.1 监督对象

锅炉、压力容器及汽水管道监督应包括下列设备：

a）锅炉本体受压元件、部件及其连接件；

b）锅炉连接管道；

c）主蒸汽管道、主给水管道、再热蒸汽管道及旁路等主要汽

水管道;

　　d）锅炉安全保护装置及仪表;

　　e）锅炉承重结构;

　　f）发电用压力容器。

1　范围

　　本规程适用于额定蒸汽压力等于或大于 3.8MPa 供火力发电用的蒸汽锅炉、火力发电厂热力系统压力容器及主要汽水管道。额定蒸汽压力小于 3.8MPa 的发电锅炉可参照执行。

　　规程监察范围:

　　a）锅炉本体受压元件、部件及其连接件;

　　b）锅炉范围内管道;

　　c）锅炉安全保护装置及仪表;

　　d）锅炉房;

　　e）锅炉承重结构;

　　f）热力系统压力容器:高、低压加热器、除氧器、各类扩容器等;

　　g）主蒸汽管道、主给水管道、高温和低温再热蒸汽管道。

【解读】修订条文。

　　本次修订将原规程"b）锅炉范围内管道"调整为"锅炉连接管道",将原规程 f)"热力系统压力容器"调整为"发电用压力容器"。近年来发电厂热力系统管道爆泄造成人身伤亡的事故仍有发生,发电厂热力系统管道、对外供热管道（电厂内管理的部分）和氢气、压缩空气、(液)氨输送管道、燃油管道等属于压力管道范畴的均是发电企业安全监督管理的对象,现行的 TSG D0001—2009《压力管道安全技术监察规程—工业管道》对这些管道未做明确监督要求,其第五条明确规定不适用于动力管道（动力管道的规范参见 GB/T 32270—2015《压力管道规范　动力管道》),其范围中规定的是火力发电厂界区内以蒸汽、水和易燃易爆、有毒及腐蚀性液体或气体为介质的管道),但发电企业是特种设备安全生产的责任主体,对于这些压力管道必须加强安全监督管理,且这些压力管道基本上都与锅炉相连接(包括汽机侧热力系统),故此将原标准"锅炉范围内管道"调整为"锅炉连接管道"。本标准名称虽未包括压力管道,但鉴于压力管道安全监督管理的重要性,内容已包括压力管道——动力管道,为发电企业对这些管道实行有效的安全技术监督管理予以明确的指导。事实上,电力行业锅炉压力容器安全监督管理就包含了压力管道,这在原国家电力公司《电力锅炉压力容器安全监督管理工作规定》(国电总〔2000〕465号)中就已经明确地将电力生产用锅炉压力容器、压力管道安全监督管理简称电力锅炉压力容器安全监督管理。

同样,"发电用压力容器"不仅包括"热力系统压力容器",还包括其他发电用的压力容器,也包括水力发电用的压力容器,这也是鉴于发电企业是特种设备安全生产的责任主体的需要。

本次修订对"主蒸汽管道、主给水管道、高温和低温再热蒸汽管道"的监督范围扩大到"旁路等主要汽水管道",这些管道虽然也是与锅炉连接的热力系统管道,但是这些较大的炉外管道一旦发生爆泄往往会带来严重的人身伤害,为突出对其安全监督管理的重要性,故此单独列出。

本次修订删除了"锅炉房",不再单独对锅炉房提出详细要求,与TSG G0001—2012《锅炉安全技术监察规程》相一致。

4.2 单位及人员

4.2.1 锅炉、压力容器及汽水管道的设计、制造、安装、修理改造、检验和化学清洗等单位应具备相应资质。

4.2.2 锅炉压力容器安全监督管理工程师应由电力行业锅炉压力容器安全监督管理委员会按照DL/T 874的规定进行培训、考核、发证。

4.2.3 从事锅炉、压力容器及汽水管道的运行、检验、焊接、热处理、无损检测、理化检验人员以及水处理人员、水分析人员、化学清洗人员应按国家和行业有关规定，经过安全、技术等培训，并取得相应的证书。

旧版条文

4.1 锅炉、压力容器及管道的设计、制造、安装、调试、修理改造、检验和化学清洗单位按国家或部颁有关规定，实施资格许可证制度。

从事锅炉、压力容器和管道的运行操作、检验、焊接、焊后热处理、无损检测人员，应取得相应的资格证书。

单位和个人的资格审查、考核发证，按部颁或劳动部有关规定执行。

4.2 集团公司和省电力公司应设置锅炉压力容器监察机构，配备必要的专业人员。火电厂、火电安装单位和锅炉压力容器检验单位应配备锅炉监察工程师。

监察工程师的考核、发证，按部颁《电力工业锅炉压力容器安全监察规定》执行。

【解读】修订条文。

本节是对有关从事锅炉压力容器工作的单位和人员资格能力的要求。

4.2.2 条规定了从事电力工业锅炉压力容器安全监督管理工作的人员应经过培训考核，具备相应的安全监督管理能力和专业技术能力，培训、考核、发证工作按照 DL/T 874《电力行业锅炉压力容器安全监督管理工程师培训考试规程》的规定进行。本次修订中强调了锅监师应经过"培训"的要求。

锅炉、压力容器、压力管道均属于特种设备管理范畴，从事锅炉压力容器相关工作的单位和人员均应具备相应的资格能力，目前电力行业和国家有关监督管理部门对此类资格能力有相应的规定要求，应遵照执行。

本次修订修改了原规程中要求的"单位许可证"制度，调整为4.2.1 条中的"相应资质"，相应资质既包括国家行政许可的强制的单位资质如承压设备检验或检测资质，也包括被行业广泛认可的代表技术能力的非强制的单位资质如化学清洗资质等；4.2.3 条将人员取得"资格证书"调整为"经过安全、技术等培训，并取得相应的证书"，强调了应经过安全、技术等专业培训并具备相应专业能力的要求，以满足国家和行业对特种设备安全监督管理的要求。"证书"包括行政许可的资格证书如特种设备无损检测人员资格证书，也包括电力行业多年来达成共识的技术能力证书如电力无损检测人员、理化人员、焊接及热处理人员等证书。从事法律规定范围内的具体检验检测行为的人员应先取得行政许可资格证书再取得电力行业能力证书。

4.3　设备订货及监造

4.3.1　在设备订货合同中应明确设计、制造、检验和质量验收标准。进口成套设备中由国内加工制造的锅炉、压力容器部件，设计、制造和检验应与进口设备执行同一标准。

> **4.3**　锅炉订货合同的技术条件应根据本规程有关要求和 SD268《燃煤电站锅炉技术条件》进行谈判。进口电站锅炉的技术条件应符合部颁《进口大容量电站锅炉技术谈判指南》和《进口大容量火电机组热工自动化技术谈判指南》有关部分的要求。
>
> 　　在设备订货合同中应明确设计、制造、检验所依据的规程、规范和标准。对于进口成套设备中由国内加工制造的锅炉压力容器部件，其设计、制造和检验应与进口设备执行同一规程、规范和标准。

　【解读】修订条文。

　　随着发电设备国产化程度的普及，现在的电站锅炉基本上已采用购买先进技术的模式进行外购，也有采购国外生产的部件的情况，本次修订强调了在订货合同中应事先明确约定所采用的设计、制造、检验和质量验收标准，使之符合国家和行业现行的有关规范和标准。目前设备订货外购引进的技术要求多采用国外技术标准，如美国 ASME 标准、日本 JIS 标准等，在国内加工制造或设计、检验时均应明确遵循相关规范要求。反之，进口成套设备中有国内加工制造的，也应事先在合同中明确约定执行同一标准。

4.3.2 建设单位应委托监造单位或派专业人员到设备制造厂，对锅炉压力容器制造过程实施监造，监造内容及见证方式按 DL/T 586 规定执行。

旧版条文

4.4 对锅炉、压力容器和管道的制造质量，应实行监检。监检工作以建设单位为主，安装和检验单位参加，按部颁《国产大型电站锅炉及辅机设备制造质量监检大纲》执行。

锅炉、压力容器及管道的安装质量，由集团公司或省电力公司按部颁有关规程规定组织检查和验收。

进口锅炉、压力容器和管道应进行检验。检验工作由集团公司和省电力公司组织，按部颁《电力系统进口成套设备检验工作的规定》执行。

国产锅炉、压力容器和管道应经检验，检验工作由集团公司和省电力公司组织，按部颁《电力工业锅炉压力容器安全性能检验大纲》执行。

参与制造质量监检和进口设备检验的专业人员，应持有锅炉监察工程师或检验员资格证书。

【解读】修订条文。

驻设备制造厂监造是电力行业多年来实行的一种对锅炉压力容器进行全过程质量监控模式，各大发电集团所属电厂在大型火力发电机组建设过程中均已采用，其监造要求在 DL/T 586《电力设备监造技术导则》中有详细规定。本次修订强调了驻厂监造人员应具备

"专业能力"，能对设备生产质量进行监督，避免产生"监造变成催交制造工期"的情况。

有关检验部分参见4.5节和14章。

4.3.3 使用进口锅炉、压力容器时，合同应约定采用的技术法规、标准和管理要求。

> **旧版条文**
>
> 3.5 由于采用国外锅炉建造规范而与本规程规定不一致时，应在全面执行国外系列标准的情况下，方可按国外标准执行，并应经集团公司或省电力公司同意。

【解读】修订条文。

本条修订强调了使用进口锅炉、压力容器时应在合同中明确约定所采用的技术法规、标准和管理要求，删除了应经集团公司或省电力公司同意的条文。另外，进口的锅炉、压力容器应当符合我国安全技术规范的要求。

4.3.4 拟采用的新结构、新工艺、新材料、新技术不符合本标准要求时，应进行必要的试验和技术论证，在指定单位试用，试用成功后再推广使用。

> **旧版条文**
>
> 3.4 由于采用新技术（如新结构、新材料、新工艺等）而不符合本规程要求时，应进行必要的试验和科学论证，经集团公司或省电力公司审查同意，并报劳动部门备案，在指定单位试用。

【解读】修订条文。

本条修订强调了采用新结构、新工艺、新材料、新技术时的要求，根据实际情况删除了经集团公司或省电力公司审查同意的条文。

4.4 技术文件、铭牌

4.4.1 锅炉、压力容器出厂时，应附有与安全有关的安装、运行、维护检修等相关的技术资料及特种设备制造监督检验证书。出厂资料和产品铭牌应符合 TSG G0001、TSG 21 的规定。

旧版条文

4.8 锅炉出厂应附有与安全有关的技术资料和为安装、运行、维护检修所需要的图纸和技术文件。包括：

a）设计图纸（锅炉整体总图、各部件总图和分图、汽水系统图、热膨胀系统图、测点布置图、基础荷重及其外形图等）；

b）受压元件的强度计算书或汇总表；

c）安全阀排放量的计算书和反力计算书；

d）锅炉质量证明书（包括出厂合格证、金属材料、焊接质量和水压试验合格证明等）；

e）锅炉安装说明书和使用说明书；

f）受压元件设计更改通知书；

g）锅炉热力计算书或主要计算结果汇总表；

h）过热器、再热器各段进出口压力；

i）直流锅炉各段进出口压力；

j）过热器、再热器管壁温度计算书或汇总表；

k）烟风系统阻力计算书或汇总表；

l）各项保护动作整定值。

4.9 锅炉应装设金属铭牌，铭牌上至少载明下列项目：

a）锅炉型号；

b）产品编号；

c）额定蒸发量（t/h）；

d）给水温度（℃）；

e）额定蒸汽压力（MPa）；

f）额定蒸汽温度（℃）；

g）再热器进、出口温度（℃）及进、出口压力（MPa）；

h）制造厂名称；

i）锅炉制造许可证级别和编号；

j）制造年月。

汽包、联箱、启动分离器等主要受压元件上应打钢印，标明产品编号。

4.10　压力容器出厂时应向用户提供以下技术资料：

a）设计图纸；

b）筒体及元件的强度计算书；

c）产品质量证明书（包括产品合格证、材质证明书、检验报告、水压试验报告）；

d）压力容器产品安全质量监督检验证书。

4.11　压力容器应装设金属铭牌，铭牌上至少载明下列项目：

a）压力容器的类别、名称；

b）产品编号；

c）设计压力（MPa）、温度（℃）；

d）最高允许工作压力（MPa）；

e）净重（kg）；

f）制造厂名称；

g）制造许可证编号；

h）制造年月。

【解读】修订条文。

因锅炉、压力容器均属于特种设备管理范畴，应接受国家有关监督管理部门的安全监督管理，在 TSG G0001—2012《锅炉安全技术监察规程》、TSG 21—2016《固定式压力容器安全技术监察规程》中均已明确说明，本次修订将原文多条进行合并，直接明确采用的标准而不再重复列出，体现了与现行国家有关法规标准的一致性。

4.4.2　管件厂配制管道（件）出厂时，应向用户提供下列技术资料：

a）设计图纸；

b）强度计算书；

c）产品质量证明书，包括产品合格证、材质证明书、检验报告、水压试验报告等。

4.12 高压管件出厂时，应向用户提供以下技术资料：

a）设计图纸；

b）强度计算书；

c）产品质量证明书（包括产品合格证、材质证明书、检验报告、水压试验报告等）。

【解读】修订条文。

本条修订将高压管件调整为管件，不再局限于高压管件，与《特种设备目录》中的压力管道管件相一致。

4.5 检验

锅炉、压力容器及汽水管道安装前应进行安全性能检验；安装过程中应进行安装质量检验；投产运行后应进行定期检验。

【解读】新增条文。

本条明确了在安装前、安装过程中及投运后应进行的三类检验。原国家电力公司《电力锅炉压力容器安全监督管理工作规定》（国电总〔2000〕465号）规定电力锅炉压力容器安装前必须进行安全性能检验、新建电力锅炉压力容器必须进行安装质量监督检验、在役锅炉压力容器实行定期检验，DL 647—1998《电力工业锅炉压力容器检验规程》及其修订后的 DL 647—2004《电站锅炉压力容器检验规程》均将电站锅炉、热力系统压力容器和主要汽水管道检验划分为设备制造、安装、在役三个阶段检验。实践证明，这三类检验工作的开展是提高大型火力发电机组建设质量和保障锅炉压力容器长期安全稳定运行的行之有效的措施。

本标准提出的检验工作的原则是加强行业自律，是对 TSG G0001 等强制性规程规定的检验工作的补充和延伸。本条提出的安全性能检验、安装过程中质量检验与 TSG G0001 在范围、内容及目的方面均不相同，互相不能替代。定期检验所指是同一行为，但考虑到发电承压设备尤其是发电锅炉的特殊性，在进行定期检验时，除执行国家特种设备检验规程外，还应综合考虑执行 DL/T 647 的有关规定。

4.6　使用登记、变更

4.6.1　锅炉、压力容器使用单位，在锅炉、压力容器投入使用前或投入使用后 30 日内，应按有关规定办理使用登记手续。

4.6.2　锅炉、压力容器改造、长期停用、移装、变更使用单位、使用单位更名或者超期使用变更，应按有关规定申请变更登记。

4.6.3　锅炉、压力容器拟停用 1 年以上的，使用单位应做好锅炉停炉保养、压力容器的封存工作；重新启用前应参照定期检验的有关要求进行检验，并办理启用手续。

> **旧版条文**
>
> **4.5**　锅炉、压力容器及管道的使用单位，按部颁《电力系统发电用锅炉使用登记暂行办法》和《能源部电力生产用压力容器使用登记暂行办法》及其附件的规定，在集团公司或省电力公司锅炉压力容器监察机构办理使用登记手续。由集团公司或省电力公司的锅炉压力容器监察机构向所在地省级劳动部门备案，领取使用证。
>
> **4.7**　锅炉、压力容器退役后重新启用，应进行检验和安全性能评估，并办理审批手续。评估工作由集团公司或省电力公司组织，锅炉压力容器检验中心主持，并在安全技术上对评估结论的全面性、正确性负责。
>
> 　　退役重新启用的设备应重新办理登记手续，并按在役设备管理。
>
> 　　经检验报废的设备不允许使用。

【**解读**】修订条文。

根据国家特种设备安全监督管理职能的调整，本次修订结合

TSG 规定明确了锅炉、压力容器及管道在登记注册、改造变更、停用封存或启用检验的要求。

4.7 修理改造

锅炉、压力容器的重大修理、改造技术方案应论证，并告知特种设备安全监督管理部门，向特种设备检验机构申请监督检验。未经监督检验或监督检验不合格的，不得投入使用。

【解读】修订条文。

本条对锅炉、压力容器的重大修理、改造工作提出了原则要求。有关 TSG 规范中对锅炉、压力容器重大修理、改造进行监督管理已做出明确规定，对改造设计、修理施工单位的能力资质提出了要求，故本次修订提出应进行方案论证和监督检验的原则要求。

4.8 事故报告及处理

锅炉、压力容器及汽水管道发生事故后，事故发生单位应按《电力安全事故应急处置和调查处理条例》（国务院令第 599 号）、《生产安全事故报告和调查处理条例》（国务院令第 493 号）和《特种设备事故报告和调查处理规定》（质检总局令第 115 号）及时报告和处理。

旧版条文

4.6 锅炉主要受压元件、压力容器和管道发生爆破等重大事故时，应报告集团公司、省电力公司和劳动部门的锅炉压力容器监察机构。重大事故的调查委员会，集团公司或省电力公司的锅炉压力容器监察机构应派人参加。事故调查报告及处理意见，应报告部锅炉压力容器监察机构。

【解读】修订条文。

锅炉、压力容器及汽水管道事故的报告和调查处理流程应遵循《安全生产法》《特种设备安全法》和国务院条例、国家质检总局令的规定，依据的顺序是先条例（国务院令）、后规章（部门令）并以行业为先的原则。本次修订调整了原规程中不适应现状的流程和机构，以符合国家对特种设备安全监督管理的有关规定。

5 金属材料

5.1 基本要求

5.1.1 锅炉、压力容器及汽水管道受压元件材料、承重构件材料及其焊接材料应符合国家、行业及团体相关标准的规定。

5.1.2 锅炉、压力容器及汽水管道受压元件材料、承重构件材料及其焊接材料的选择，应根据部件的应力状态、服役温度、介质腐蚀特性等服役条件和预期的安全服役寿命，综合考虑材料的力学性能、抗腐蚀性能、工艺性能、金相组织和经济性确定。

> **旧版条文**
>
> ## 7 金属材料
>
> 7.1 锅炉、压力容器及管道使用的金属材料应符合国家标准、行业标准或专业标准。

【解读】修订条文。

部件的性能取决于所用材料的力学性能、抗腐蚀性能、工艺性能、金相组织和经济性等综合指标，因此，增加了 5.1.2 条，明确了选用材料时需要根据部件的应力状态、服役温度、介质腐蚀特性等服役条件和预期的安全服役寿命，综合考虑材料的力学性能、抗腐蚀性能、工艺性能、金相组织和经济性等诸多因素。

另外，在此处将"金属材料"明确界定为"受压元件材料、承重构件材料及其焊接材料"，后续条文中若无针对性要求仍简称为金属材料。

5.1.3 锅炉、压力容器及汽水管道受压元件材料、承重构件材料及其焊接材料，应有产品合格证和质量证明书。进口材料应有质量证明书及商检合格的文件。质量证明书应包括下列信息：

a）基本信息：制造商、材料牌号、检验签字和合格章；

b）制作工艺信息：冶炼方法、加工工艺、焊接工艺（如适用）、热处理工艺；

c）成分和性能检验信息：化学成分、力学性能、金相组织、无损检测结果等资料。

5.1.4　应用于 600℃参数以上锅炉承压部件的新型材料，根据使用单位需要，制造单位还应提供蒸汽侧氧化性能、烟气侧腐蚀性能数据。

7.2　锅炉、压力容器及管道使用的金属材料质量应符合标准，有质量证明书。使用的进口材料除有质量证明书外，尚需有商检合格的文件。

　　质量证明书中有缺项或数据不全的应补检。其检验方法、范围及数量应符合有关标准的要求。

旧版条文

【解读】修订条文。

　　产品的质量取决于制造过程中的控制，为了获得制造阶段的相关信息，在 5.1.3 条明确和细化了材料质量证明文件的要求，提出了质量证明书应包括基本信息、制作工艺信息、成分和性能检验信息等的要求。

　　随着超超临界机组的投入使用，锅炉高温受热面管材料抗蒸汽侧氧化性能和抗烟气侧腐蚀性能日益成为影响高参数机组安全稳定运行的重要因素，因此，增加了 5.1.4 条，强调了应用于600℃参数以上锅炉承压部件的新型材料，制造单位应提供蒸汽侧氧化性能和烟气侧腐蚀性能的数据。

5.1.5　锅炉及管道用金属材料入厂复验按 JB/T 3375 执行，压力容器用金属材料入厂复验按 TSG 21 执行。合金钢材料在安装及修理改造使用时，应进行光谱复验。高合金材料宜采用直读光谱仪进行成分复验。

7.3 安装、修理改造中使用于工作压力等于或大于 9.8MPa 和工作温度等于或大于 540℃ 工况的金属材料，入厂应复检。检验项目按 JB/T 3375《锅炉原材料入厂检验规则》执行。

7.6 合金钢部件和管材在安装及修理改造使用时，组装前后都应进行光谱或其他方法的检验，核对钢种，防止错用。

【解读】修订条文。

本规程的"范围"中已经明确了适用的压力参数，此处不必再做规定。考虑到压力容器用金属材料的特殊性，补充了压力容器用金属材料入厂复验的执行标准。

光谱检验是验证材质的一种有效方法，既是实际工程中的常用方法，也是材料验收中不可或缺的检验方法，因此将原规程的 7.6 款合并到此处，一并提出要求。超超临界机组使用了大量中合金钢、高合金钢，材料设计由少量多元复合强化，向多元复合加选择强化过渡，其化学成分繁多且复杂，因此增加了对高合金材料宜采用直读光谱仪进行成分复验的要求。

5.2 材料选用

5.2.1 锅炉、压力容器及汽水管道用钢板、钢管、锻件、铸钢件、紧固件和焊接材料应符合本标准及 TSG G0001、TSG 21 及 DL/T 715 的规定。

5.2.2 锅炉高温受热面管材料应满足抗蒸汽氧化性能要求，根据部件服役壁温，按 DL/T 715 选择。

5.2.3 设计出口介质温度为 566℃ 及以上的锅炉使用的 18Cr-8Ni 等级的奥氏体钢高温段受热面管，宜采用细晶钢或采用内壁喷丸等工艺措施以提高抗蒸汽氧化性能。

7.4　用于锅炉、压力容器及管道的常用金属材料 旧版条文
按以下规定选用：
7.4.1　钢板

表2　　　　　　　　　　板　材

钢的种类	钢号	标准编号	适用范围	
			工作压力 MPa	壁温 ℃
碳素钢	20R[1]	GB 6654	≤5.9	≤450
	20g 22g	GB 713	≤5.9[2]	≤450
合金钢	12Mng，16Mng	GB 713	≤5.9	≤400
	16MnR[1]	GB 6654	≤5.9	≤400

1）应补做时效冲击试验合格。
2）制造不受辐射热的锅筒时，工作压力不受限制。

7.4.2　钢管

表3　　　　　　　　　　管　材

钢的种类	钢号	标准编号	适用范围		
			用途	工作压力 MPa	壁温 ℃
碳素钢	10，20	GB 3087	受热面管子	≤5.9	≤450
			联箱、蒸汽管道		≤425
碳素钢	20g	GB 5310	受热面管子	不限	≤450
			联箱、蒸汽管道		≤425
合金钢	12CrMog 15CrMog	GB 5310	受热面管子	不限	≤560
			联箱、蒸汽管道		≤550
	12CrlMoVg	GB 5310	受热面管子	不限	≤580
			联箱、蒸汽管道		≤565
	12Cr2MoWVTiB	GB 5310	受热面管子	不限	≤600
	12Cr3MoVSiTiB				≤600

7.4.3 锻钢件

表4   **锻 钢 件**

钢的种类	钢号	标准编号	适 用 范 围		
			用途	工作压力 MPa	壁温 ℃
碳素钢	20，25	GB 699	大型锻件、手孔盖、集箱端盖、法兰盘	≤5.9[1]	≤425
合金钢	12CrMo 15CrMo 12CrlMoV	GB 3077	大型锻件	不限	≤540 ≤550 ≤565

1）对于不受辐射热的锻件，工作压力不限。

7.4.4 铸钢件

表5   **铸 钢 件**

钢的种类	钢号	标准编号	适用范围	
			公称压力 MPa	壁温 ℃
碳素钢	ZG200～400	GB 5676	≤6.3	≤425
	ZG230～450		不限	≤425
低合金钢	ZG20CrMo	JB 2640	不限	≤510
	ZG20CrMoV		不限	≤540
	ZGl5CrlM01V		不限	≤570

7.4.5 螺栓用钢

表6   **螺 栓 用 钢**

钢的种类	钢 号	标准编号	最高使用温度℃
碳素钢	25	GB 699	350
	35	DL 439—91	400
合金钢	20CrMo	DL 439—91	480
	35CrMo	DL 439—91	480
	25Cr2MoV	DL 439—91	510

续表

钢的种类	钢 号	标准编号	最高使用温度℃
合金钢	25Cr2Mo1V	DL 439—91	550
	20Cr1Mo1V1	DL 439—91	550
	20Cr1Mo1VNbTiB	DL 439—91	570
	20Cr1Mo1VTiB	DL 439—91	570
	20Cr12NiMoWV	DL 439—91	570
注：用作螺母时，可比表列温度高 30～50℃，硬度比螺栓低 HB20～50。

【解读】修订条文。

TSG G0001—2012《锅炉安全技术监察规程》、TSG 21—2016《固定式压力容器安全技术监察规程》、DL/T 715—2015《火力发电厂金属材料选用导则》等标准中对材料的使用都做出了规定或推荐，为了保持与相关规程的一致性，简化了原规程的 7.4 条，不再列举具体的材料数据，仅在 5.2 条规定了材料的选用原则，明确了应符合上述锅炉、压力容器和相关的材料标准，强调了锅炉高温受热面管材料应满足抗蒸汽氧化性能要求，删除了原规程中的材料数据表格。

考虑到目前提高超超临界机组受热面管抗蒸汽氧化性能的主要手段之一是采用工艺措施，因此增加了 5.2.3 条。

5.3 材料代用

5.3.1 锅炉、压力容器及汽水管道中主要承压部件制造、安装时使用代用材料应征得原设计单位和使用单位的同意，同时办理设计变更通知书，并书面通知使用单位。代用材料时应有充分的技术依据，并符合下列规定：

a）代用材料的化学成分宜与原材料相近，其力学性能、组织性能、化学性能略优于原材料；

b）按代用材料制定焊接工艺和热处理工艺；

　　c）若代用材料工艺性能不同于设计材料，应经工艺试验验证后方可使用；

　　d）代用材料几何尺寸发生变化时，应进行强度校核。

5.3.2　锅炉、压力容器及汽水管道检修中使用代用材料时，应征得锅监师的同意，并经企业技术负责人批准。所使用的代用材料性能应略优于原设计材料。

5.3.3　应做好材料代用的记录、归档工作，设计变更通知书应包含下列内容：

　　a）代用材料的化学成分、常温力学性能、高温力学性能、金相组织、抗腐蚀性能；

　　b）代用材料的加工工艺、焊接工艺、热处理工艺；

　　c）代用后的热力计算对比、强度校核对比。

> 旧版条文
>
> 7.5　锅炉、压力容器及管道制造、安装时使用代用材料应征得原设计单位的同意，并办理设计变更通知书。修理改造中使用代用材料，原则上采用与原设计相类似的材料。代用材料时应有充分的技术依据，并符合下列规定：
>
> 　　a）选材性能优于原材料；
>
> 　　b）按所选用材料制订焊接、热处理工艺；
>
> 　　c）必要时进行强度核算；
>
> 　　d）经锅炉监察工程师同意并经总工程师批准；
>
> 　　e）做好详细记录、存档。

【解读】修订条文。

　　锅炉压力容器制造单位和使用单位在材料代用程序上时常存在分歧，会出现材料代用的随意性，给机组安全性带来了严重的影响，增加了安全隐患。因此，本规程重新梳理了材料代用原则，对原规程7.5条进行展开，细化了材料代用的要求和内容，对制造、安装阶段和检修阶段的材料代用分别进行了明确的有针对性的规定。

　　5.3.1条强调了制造、安装时使用代用材料应征得使用单位的同意，办理设计变更通知书，并书面通知使用单位。对于使用单位并不是业主（资产方）的情况，业主有掌握材料代用情况的权利和义务，考虑到业主方不一定配备有相关专业人员，是否同意材料代用应先征求使用单位意见，由使用单位与业主协商。

对检修中使用代用材料，在 5.3.2 条提出了应征得锅监师的同意，并经企业技术负责人 [企业技术负责人是指该企业分管技术的副（总）经理、副厂长或总工程师，下同] 批准的要求。

材料代用会给安全生产带来了一定的负面影响，使用单位为了有效履行安全生产主体责任，必须有对材料代用的知情权。因此，为有利于保障安全生产，有必要规范材料代用程序，故在 5.3.3 条中，对设计变更书的具体内容做出了要求。

5.4 国外材料的使用

5.4.1 有使用业绩的国外牌号金属材料，性能指标应符合相应的国外技术标准及订货技术条件，同时应满足相应的国家标准、行业标准、团体标准或企业标准。

5.4.2 首次将国外牌号的金属材料用于电站锅炉、压力容器及汽水管道时，应按照国内相应的技术标准进行性能试验，并经过工程试用验证，满足技术条件要求后方可使用。

5.4.3 国内制造商生产的国外牌号金属材料或制品，应提供该产品的技术评审资料，按照该材料国外标准验收，并满足国内相关标准要求。

旧版条文

7.7 锅炉、压力容器及管道使用国外钢材时，应选用国外锅炉、压力容器规范允许使用的钢材，其使用范围应符合相应规范，有质量证明书，并应要求供货方提供该钢材的性能数据、焊接工艺、热处理工艺及其他热加工工艺文件。

国内尚无使用经验的钢材，应进行有关试验和验证，如高温强度、抗氧化性、工艺性能、热脆性等，经工程试用验证，满足技术要求后，才能普遍推广使用。

7.8 制造压力容器的钢材除符合一般规定外，在使用范围、检验方法、检验数量以及钢中含碳量要求等应符合劳动部《压力容器安全技术监察规程》的规定。

【解读】修订条文。

将国外材料进行了区分，分为"有使用业绩的国外牌号金属材料""首次将国外牌号的金属材料用于电站锅炉、压力容器及汽水管道时"和"国内制造商生产的国外牌号金属材料或制品"，针对不同情况，提出了相应的要求。

有使用业绩的国外牌号金属材料，强调应按相应标准进行管理。

首次使用的国外牌号的金属材料，强调要按国内标准进行验证性试验。

国内制造商生产的国外牌号金属材料或制品，则强调要进行技术鉴定评审。

在前述条款中已经包含了压力容器所用材料的相关要求，不必再单独提出，故删除了原规程7.8条。

5.5 材料及制品的管理

5.5.1 物资供应部门、各级仓库、车间和工地应有金属材料及制品的保管、使用、验收和领用等管理制度。

5.5.2 金属材料及制品应按材料牌号和规格分类存放，并挂牌明示。库存材料应有便于识别的标记，切割下料前应作标记移植。

5.5.3 保管制度应根据气候条件、周围环境和存放时间确定，防止金属材料及制品变形、腐蚀和损伤。经长期贮存后再使用的金属材料及制品，应检查和分析腐蚀状况。

5.5.4 奥氏体钢部件运输、存放、保管、使用应符合下列规定：

　　a）单独存放，严禁与碳钢或其他合金钢管混放接触；

　　b）运输及存放应避免使材料遭受盐、酸及其他化学物质的腐蚀，避免雨淋，尤其是沿海及有此类介质环境的地区；

c）存放中不允许接触地面，管子端部应封堵。防锈、防蚀应按 DL/T 855 执行；

d）吊运过程中不允许直接接触钢丝绳，不应有敲击、碰撞、弯曲、擦伤；

e）对于不锈钢，打磨时应使用专用砂轮片；

f）禁止在表面打钢印；如采用记号笔标记，记号笔颜料中不应含氯离子或硫化物；

g）应定期检查备件的存放及表面质量状况。

5.5.5 应用于 600℃参数以上锅炉承压部件的新型材料，应定期对运行后材料劣化情况进行监督。

> 旧版条文
>
> 7.9 仓库、工地储存锅炉、压力容器及管道用的金属材料除要做好防腐工作外，还应建立严格的质量验收、保管和领用制度。经长期贮存后再使用时，应重新进行质量检验。

【解读】修订条文。

随着高参数机组的发展，材料的品种大量增加，合金材料的使用越来越多，对材料的使用保管提出了更高的要求，因此，对原规程的 7.9 条进行了细化，明确了金属材料运输、存储、保管等的规定。

特别针对奥氏体钢部件，对运输、存放、保管、使用等过程提出了具体的要求。

由于电站锅炉应用新材料较多，目前对各种新材料的劣化机制研究得不够，为了加强对新材料的监督，保证机组的安全可靠性，提出了对应用于 600℃参数以上锅炉承压部件的新型材料，应定期对运行后材料劣化情况进行监督的要求。

6 锅炉

6.1 基本要求

6.1.1 锅炉设计应按 GB/T 16507.3 执行，符合安全、经济和环保的要求，设计文件经过有资质的鉴定机构鉴定合格后方可制造。

【解读】新增条文。

GB/T 16507.3《水管锅炉　第 3 部分：结构设计》规定了水管锅炉锅筒（启动分离器）、集箱、减温器、管道、膜式壁、管子、管接头、吊杆、开孔、钢结构、扶梯及平台等结构设计的要求。

锅炉设计应符合安全、经济和环保的要求，符合国家节能减排政策。

设计文件应经过有资质的鉴定机构鉴定合格后方可制造，并符合 TSG G0001《锅炉安全技术监察规程》的要求。

6.1.2　锅炉本体受压元件强度计算和校核应按 GB/T 16507.4 执行。

【解读】新增条文。

水管锅炉受压元件强度计算一直是执行标准 GB/T 9222《水管锅炉受压元件强度计算》。2013 年，水管锅炉系列标准 GB/T 16507 编制时，以 GB/T 9222—2008 为基础，整合了 GB/T 16507—1996 的有关内容，编制了 GB/T 16507.4《水管锅炉　第 4 部分：受压元件强度计算》。目前，锅炉本体受压元件强度计算和校核应按 GB/T 16507.4 执行。

6.1.3　锅炉部件的制造应满足 GB/T 16507.5 要求。

【解读】新增条文。

GB/T 16507.5《水管锅炉　第 5 部分：制造》标准规定了水管锅炉在制造过程中的标记、冷热加工成型、焊接和热处理等各项要求。

6.1.4　锅炉水动力应安全可靠。

【解读】新增条文。

6.1.5　各受热面均应得到可靠的冷却。

6.1.6　各部件受热膨胀应符合要求。

6.1.7　锅炉结构应便于安装、运行操作、检修和清洗。

5.1 锅炉结构应安全可靠，基本要求为：

a）各受热面均应得到可靠的冷却；

b）各部件受热后，其热膨胀应符合要求；

c）各受压部件、受压元件有足够的强度；

d）炉膛、烟道有一定的承压能力和良好的密封性；

e）承重部件应有足够的强度、刚度、稳定性和防腐性，并能适应所在地区的抗震要求；

f）便于安装、维修和运行操作。

【解读】修订条文。

对原文条款的结构进行了调整，补充了结构应便于清洗的要求。

6.2 汽包

6.2.1 汽包内壁设置预焊件应与汽包同时加工、焊接和热处理。预焊件及其焊材应与汽包材料相同或相近。

5.47 汽包内壁设置的安装汽包内部装置的预焊件，应与汽包同时加工、焊接和热处理。预焊件及其焊材应与汽包材料相似。

汽包内部装置应安装正确、牢固，以防止运行中脱落。

汽包事故放水管口应置于汽包最低安全水位和正常水位之间。

【解读】修订条文。

将原规程 5.47 条拆分成 6.2.1、6.2.4 和 6.2.8 条。

"汽包"是电力行业使用多年的通用术语，在 GB/T 2900.48《电工名词术语 锅炉》中定义为"锅筒，俗称汽包"。"锅筒"是制造行业的标准名称，包括上锅筒和下锅筒。因电力行业习惯将带锅筒的锅炉称为"汽包炉"，以区别于"直流炉"，本规程中继续采用"汽包"一词。

6.2.2 汽包吊杆不应布置在汽包环向焊缝附近，吊杆与焊缝间中心距离应不小于200mm。吊杆部位的筒体下部180°范围内布置的纵向筒体焊缝应磨平。

【解读】新增条文。

引用于GB/T 16507.3《水管锅炉 第3部分：结构设计》第6章"锅筒"中的6.5条。

6.2.3 汽包内给水分配方式应避免造成汽包壁温度不均和水位偏差。

> **5.32** 汽包内给水分配方式，应避免造成汽包壁温度不均和水位偏差。 **旧版条文**

【解读】原条文。

6.2.4 汽包事故放水管口应布置在汽包最低安全水位和正常水位之间。

【解读】原规程5.47条拆分的条文。

6.2.5 汽包锅炉水循环应保证受热面得到良好的冷却。

> **5.5** 汽包锅炉水循环应保证受热面得到良好的冷却。 **旧版条文**
> 在汽包最低安全水位运行时，下降管供水应可靠；在最高允许水位运行时，保证蒸汽品质合格。

【解读】修订条文。

将原规程5.5条拆分成6.2.5和6.2.7条。

6.2.6 汽包给水管、加药管、连排管等应布置合理，在穿过汽包筒壁处应加装套管。

> 5.31　与汽包、联箱相接的省煤器再循环管、给水管、加药管、减温水管、蒸汽加热管等，在其穿过筒壁处应加装套管。

【解读】修订条文。

将原规程 5.31 条拆分而来的条款。

6.2.7　汽包在最低安全水位运行时，应保证向下降管可靠供水；在最高允许水位运行时，应保证蒸汽品质合格。

【解读】修订条文。

将原规程 5.5 条拆分成 6.2.5 和 6.2.7 条。

6.2.8　汽包内部装置应固定牢固，防止运行中脱落。

【解读】修订条文。

将原规程 5.47 条拆分而来的条款。

6.3　锅炉受热面

6.3.1　水冷壁

a）水冷壁与灰渣斗连接采用密封水槽结构时，应有防止在密封水槽内积聚灰渣的措施或装设有效的冲洗设施。

b）水冷壁采用螺旋管圈时，灰渣斗水平夹角应设计合理，燃烧室下部水冷壁和灰渣斗以及支撑钢结构应有足够的刚度。

c）水冷壁的膜片间距应相等;膜片与水冷壁管材料的膨胀系数应相近；运行中膜片温度应低于材料的许用温度。

d）直流锅炉蒸发受热面管屏间的温差热应力应在合理范围内。

e）水冷壁节流圈应便于检查、更换，并有防止装错位置的措施。

5.8 水冷壁管进口装有节流圈时，节流圈前过滤器的网孔直径应小于节流孔的最小直径。节流圈应便于调整更换，并有防止装错的措施。

5.19 水冷壁与灰渣斗联接采用密封水槽结构时，应有防止在密封水槽内积聚灰渣的措施或装设有效的冲洗设施。

5.20 膜式水冷壁的膜片间距应相等。膜片与水冷壁管材料的膨胀系数应相近。运行中膜片顶端的温度应低于材料的许用温度。

【解读】修订条文。

a）为原规程 5.19 条，c）为原规程 5.20 条。

b）为新增条文。超临界锅炉上部采用垂直管圈形式，炉膛中部水冷壁及冷灰斗采用螺旋管圈。该结构能有效地补偿沿炉膛周界上的热偏差和保障水动力特性稳定。由于水冷壁采用螺旋管圈时，炉膛下部冷灰斗结构复杂，容易积灰、粘污，结焦时更易灰渣堆积，因此，钢性梁除承担常规载荷外还要考虑灰渣堆积引起附加载荷。灰渣斗水平夹角应设计合理，燃烧室下部水冷壁和灰渣斗以及支撑钢结构应有足够的刚度。

d）为新增条款。直流锅炉蒸发受热面管屏间汽水混合物流动阻力存在偏差，不加以控制就会造成受热面管屏间的温差大，致使热应力相应增大，最终拉裂水冷壁，因此，温差应控制在合理范围内。设置节流装置，保证管屏得到充分冷却，减少管屏间的温差和热应力，是控制温差在合理范围内的一种手段。

e）为原规程 5.8 条的简化。

6.3.2 过热器和再热器

a）各级过热器和再热器应有足够的冷却介质。必要时应进行水力偏差计算，并合理选取热力偏差系数。计算各段壁温应考虑水力、热力和结构偏差的影响。使用的材料应满足强度要求，材料的允许使用温度应高于计算壁温并留有裕度，且应装设足够的壁温监视测点。

b）为避免过热器和再热器在锅炉启动及机组甩负荷工况下管壁超温，应配备有蒸汽旁路、向空排汽或限制烟温的措施。

c）再热器及其连接管的结构应便于安装和检修时进行水压试验。

5.12　各级过热器、再热器应有足够的冷却。必要时应进行水力偏差计算，并合理选取热力偏差系数。计算各段壁温应考虑水力、热力和结构偏差的影响。使用材料的强度应合格，材料的允许使用温度应高于计算壁温并留有裕度，且应装设足够的壁温监视测点。

为避免过热器、再热器在锅炉启动及机组甩负荷工况下管壁超温，应配备有蒸汽旁路、向空排汽或限制烟温的其他措施。

5.45　锅炉再热器及其连接管的结构上应具备在安装和检修时进行水压试验的条件。

【解读】原条文的重新调整。

a）、b）为原规程条文5.12拆分而成。在锅炉启动或机组甩负荷工况下，再热器没有蒸汽介质流过，处于干烧状态，可能超温损坏。对此可通过配备蒸汽旁路、向空排汽或限制烟温等措施，使锅炉启动或机组甩负荷工况下再热器也能得到足够冷却，保证其安全可靠性。

c）为原规程条文5.45条。由于再热器压力低，不参与锅炉主系统水压试验，单独进行水压试验。因此，再热器及其连接管的结构应便于安装和检修时进行水压试验。

6.3.3　省煤器

省煤器应有可靠的冷却方法。为保证汽包锅炉省煤器在启停过程中的冷却，应装设再循环管或采取其他保护措施。

旧版条文

5.11 锅炉省煤器应有可靠的冷却。为保证汽包锅炉省煤器在启停过程中的冷却,可装设再循环管或采取其他措施。汽包锅炉省煤器不应有受热的下降管段。

【解读】原条文。

汽包锅炉启动初期因无需向锅炉补水,省煤器中的水不流动,可能致使局部水产生汽化,导致省煤器过热损坏。装设再循环管可以形成一个自然循环回路,避免可能产生汽化而导致省煤器损坏事故。

直流锅炉因有锅炉启动系统,在锅炉点火时必须连续向锅炉进水,省煤器中一直有水的流动,故无需设置省煤器再循环管。

6.4 减温器

6.4.1 喷水减温器的减温水管在穿过减温器筒体处应加装套管;喷水减温器应设置一个内径不小于 80mm 的检查孔,检查孔的位置应当便于对减温器内衬套以及喷水管进行内窥镜检查。

【解读】新增条文。

加装套管的目的是避免减温水直接喷到筒体内壁,导致筒体热疲劳开裂。

增加设置检查孔是为了方便检查喷水减温器内部元件。喷水减温器联箱应根据运行中减温水投用情况适时用内窥镜检查喷水减温器内套管位置及喷水减温器内壁的腐蚀和裂纹情况,检查内壁与内套管表面的结垢情况。

6.4.2 喷水减温器的筒体与内衬套之间以及喷水管与管座之间的固定方式,应允许其相对膨胀,并避免产生共振。

旧版条文

5.21 喷水减温器联箱与内衬套之间,以及喷管与联箱之间的固定方式应能保证自由膨胀,并能避免共振。

【解读】原条文。

喷水减温器是将减温水以雾状喷入过热蒸汽中,降低蒸汽温度,通过调节喷水量,调节蒸汽温度。为防止减温器集箱因喷进温度较低的减温水而引起减温器金属热疲劳,除了减温器喷水管加装保护套管外,在减温器内还要加装内衬套,以防止相对温度较低的减温水直接喷到减温器内壁上。喷水减温器的筒体与内衬套以及筒体与喷水管,由于温度不同而膨胀量也不同,因此喷水减温器的筒体与内衬套之间以及喷水管与管座之间的固定方式要有足够的相对膨胀量,防止产生附加的热应力。此外,减温水的喷入会导致局部区域汽流发生扰动,进而引起其喷水管和内衬管振动,应采取措施避免产生振动。

6.4.3 减温器的内衬套直管段长度应满足减温水汽化的要求。内衬套采用拼接结构时,拼接焊缝应采用全焊透的结构型式。

> **5.21** 喷水减温阀后应有足够的直管段。减温器的内衬套长度应满足水汽化的需要。 旧版条文

【解读】原条文及补充。

内衬套采用拼接结构时,拼接焊缝应采用全焊透的结构型式。这主要是由于内衬套工作条件恶劣,拼接焊缝采用全焊透的结构型式可提高安全可靠性。

6.4.4 喷水减温器的材料选取和结构设计应合理,布置应便于检修。

> **5.21** 喷水减温器的结构和布置应便于检查与修理。 旧版条文

【解读】原条文及补充。

6.4.5 面式减温器冷却水管的结构应防止冷却水管产生热疲劳裂

纹。两台左右对称布置时，冷却水引入管和引出管的布置应防止减温器发生汽塞和脉动。

【解读】新增条文。

虽然新建机组锅炉减温器基本都是喷水减温器，但在役机组还有个别使用面式减温器的。面式减温器应检查冷却水管的热疲劳裂纹以及冷却水引入管和引出管的布置合理性。冷却水引入管和引出管的布置应防止减温器发生汽塞和脉动。

6.5 受热面管卡、吊杆和夹持管

6.5.1 受热面的管卡、吊杆、夹持管、防磨护板及固定滑块等应设置合理、安装可靠，防止超温、烧损、拉坏和引起管子相互碰磨及摩擦。

> **5.14** 受热面的管卡、吊杆、夹持管等应设置合理可靠，防止烧坏、拉坏和引起管子相互碰磨。　　**旧版条文**

【解读】原条文及补充。

6.5.2 悬吊式锅炉的吊杆螺母应有防止松退措施。宜采用带承力指示器的弹簧吊杆，吊杆应选用与其计算温度相适应的材料制造。承载能力应满足要求。

> **5.38** 悬吊式锅炉的吊杆螺母应有防止松退措施。尽量采用带承力指示器的弹簧吊杆，以便使吊杆受力状况控制在设计允许范围之内。吊杆应选用与其计算温度相适应的材料制造。承载能力应经计算合格。　　**旧版条文**

【解读】原条文及整理。

6.6 联箱和下降管

6.6.1 联箱的结构设计应利于管座的膨胀。

【解读】新增条文。

6.6.2 大型锅炉炉顶联箱布置高度，应根据联箱管束的柔性分析确定。

旧版条文

5.15 大型锅炉炉顶联箱布置高度应根据联箱管束的柔性分析确定。

炉膛水冷壁四角、燃烧器大滑板、包覆管、顶棚管和穿墙管等，应防止膨胀受阻或受到刚性体的限制，避免管子拉裂、碰磨。

【解读】原条文。

本部分为联箱和下降管条款，原条文中下半段拆分到第 6.11.6 条的防腐、防磨、防堵部分。

6.6.3 在烟气温度大于 600℃的烟道中布置受热联箱时，联箱壁厚应不大于 45mm。

旧版条文

5.16 非受热面部件（如吊杆、梁柱、管卡、吹灰器等），其所在部位烟温超过该部件最高许用温度时，必须采取冷却措施。

在设计烟温为 600～800℃的烟道中布置受热联箱时，联箱壁厚不应大于 45mm。

【解读】原条文。

6.6.4 大型锅炉集中下降水管系统应进行应力分析和导向设计，必要时应进行应力校核。

旧版条文

5.17 大型锅炉集中降水管系统应进行应力分析和导向设计，必要时应对二次应力进行校核。

【解读】原条文。

6.7 管接头与汽包、联箱、管道连接及焊接管孔布置

6.7.1 汽包、联箱、管道与管子的焊接管接头应满足强度要求。

a）管接头外径大于 76mm 时，应采用全焊透的型式；

b）管接头外径小于或等于 76mm 时，宜用全焊透型式。考虑应力集中对强度的影响时，可采用部分焊透的型式。

> **旧版条文**
>
> 5.26 管子与汽包、联箱、管道的焊接处，应采用焊接管座。焊接接头应有足够的强度。额定压力为 9.8MPa 及以上的锅炉，外径等于或大于 108mm 的管座应采用全焊透的型式。亚临界和超临界压力锅炉，外径小于 108mm 的管座，原则上也应采用全焊透型式，如设计时考虑了应力集中对强度的影响，可以采用部分焊透的型式。
>
> 支吊受压元件用的受力构件与受压元件的连接焊缝亦应采用全焊透型式。

【解读】原条文及整理。

原条文拆分为 6.7.1 和 6.7.4 条。

本标准适用于发电用额定压力大于或等于 9.8MPa 的蒸汽锅炉，所以删除了原规程中"额定压力为 9.8MPa 及以上"的限制。

TSG G0001《锅炉安全技术监察规程》对于应采取全焊透型式管接头的外径要求是大于 76mm，为了与 TSG G0001 保持一致，将原规程规定的管接头外径由 108mm 调整到 76mm。

对于大量的外径小于或等于 76mm 的成排密集小直径管接头，若全部采用全焊透型式，不论是采用手工亚弧焊还是内孔自动亚弧焊，现有装备和技术能力均难以满足要求。现在采用的插入式管接头结构也能满足锅炉运行安全要求，因此对管接头外径小于或等于 76mm 时，提出宜用全焊透型式的要求。

6.7.2 汽包、联箱、管道与支管或管接头连接时，不应采用奥氏体钢和铁素体钢的异种钢焊接。

【解读】新增条文。

由于奥氏体钢和铁素体钢两种材质的合金组织、成分和线膨胀系数差异较大，焊接材料需要选用镍基合金焊材，焊接工艺用脉冲自动焊来实现，是较难焊接的异种钢焊接接头。目前汽包、联箱、管道的材料多为铁素体类钢，当与奥氏体耐热钢连接时，需要采用镍基材料自动焊。由于现场条件所限，只能手工焊接，焊接质量不能保证。为保证焊接质量，要求现场只能进行同种材料之间的焊接，可在制造厂或者易于自动焊接的车间制作奥氏体钢与铁素体钢的异种钢焊接过渡接头，再将过渡接头用于现场奥氏体钢与铁素体钢之间的焊接。

6.7.3 与汽包、联箱相接的省煤器再循环管、给水管、加药管、排污管、减温水管、蒸汽加热管等，在其穿过筒壁处应加装套管。

5.31 与汽包、联箱相接的省煤器再循环管、给水管、加药管、减温水管、蒸汽加热管等，在其穿过筒壁处应加装套管。

【旧版条文】

【解读】原条文。

6.7.4 支吊受压元件用的受力构件与受压元件的连接焊缝宜采用全焊透型式。

【解读】原规程 5.26 条拆分出的条文。

6.7.5 管接头的焊接管孔应尽量避免开在焊缝上，并避免管接头的连接焊缝与相邻焊缝的热影响区相互重合。如果不能避免，在焊缝或其热影响区上开孔时，应满足管孔周围 60mm（如果管孔直径大于 60mm，则取孔径值）范围内的焊缝经过射线或超声检测合格；管接头连接焊缝焊后应热处理消除应力。

6.7.6 在弯头和封头上开孔应满足强度要求。

> **5.28** 管接头的焊接管孔应尽量避免开在焊缝上，并避免管接头的连接焊缝与相邻焊缝的热影响区互相重合。如果不能避免，可在焊缝或其热影响区上开孔，但应满足以下要求：管孔周围 100mm（当量孔径大于 100mm 时，取管孔直径）范围内的焊缝经探伤合格，且管孔边缘处的焊缝没有缺陷；管接头连接焊缝经焊后热处理消除应力。
>
> 在弯头和封头上开孔应满足强度要求。

【解读】原规程的悬置段另成 1 条。

原规程发布于 20 年前，从当时的焊接技术水平考虑，规定的焊缝检测范围为管孔周围 100mm。随着焊接技术的发展，焊缝质量较 20 年前已有了很大的提高，检测工作可适当放宽，因此，本规程采用与 TSG G0001《锅炉安全技术监察规程》一致的规定，将管孔周围检测范围规定为 60mm。

6.7.7 锅炉汽包、联箱及相应的管道上应设有供化学清洗、过热器反冲洗和停炉保护用的管座及取样管座。下降管及水冷壁管联箱的最低点应有定期排污装置，并配有相应的阀门。

> **5.46** 额定蒸汽压力大于 5.9MPa 的锅炉，应有供化学清洗用的管座。采用充氮或其他方法进行停炉保护的锅炉应设相应的管座。汽包锅炉过热器联箱应设有供过热器反冲洗用的管座。

【解读】修订条文。

6.8 小口径接管

6.8.1 空气管、疏水管、排污管、取样管、仪表管等小口径管与汽包、联箱连接的焊接管座，应采用加强管座，材质与母管相同或相近，管座角焊缝宜采用全焊透结构。排污管、疏水管应有足够的柔性，以降低小管与锅炉本体相对膨胀而引起的管座根部局部应力。

> **旧版条文**
>
> 5.22 空气管、疏水管、排污管、仪表管等小口径管与汽包、联箱连接的焊接管座，应采用加强管座。排污管、疏水管应有足够的柔性，以降低小管与锅炉本体相对膨胀而引起的管座根部局部应力。

【解读】原条文。

6.8.2 空气管、疏水管、排污管、取样管、仪表管等小口径管应有布置图及防止冷凝水倒流的措施。
　　【解读】新增条文。
　　小口径管应有布置图主要是考虑电厂检修查找方便。小口径管应布置在主管道的下方，必须布置在上方时，应有防止冷凝水倒流的措施。

6.8.3 露天布置的锅炉疏水管、排污管、取样管、仪表管及阀门等应根据锅炉安装地区气候条件采取必要的保温措施，防止冬季冻裂。
　　【解读】新增条文。
　　由于我国地域广阔，有些地区冬季气温低，可能出现冻裂现象，为此提出应采取必要的保温措施以防止冬季冻裂的相关要求。

6.9 焊缝布置
6.9.1 应避免在主要受压元件的主焊缝及其热影响区上焊接零件。如果不能避免，该零件的连接焊缝可以穿过主焊缝，但不应在主焊缝上或其热影响区内终止。

5.30 应避免在主要受压元件的主焊缝及其热影响区上焊接零件。如果不能避免，该零件的连接焊缝可以穿过主焊缝，但不应在主焊缝上或其热影响区内终止。

【旧版条文】

【解读】原条文。

6.9.2 受热面管子的对接焊缝应位于管子直段上。成型管件允许没有直段，但应有足够的强度裕度以补偿附加到焊缝上的弯曲应力。

6.9.3 受热面管子的对接焊缝中心距管子弯曲起点、汽包及联箱外壁、管子支吊架边缘的距离应不小于70mm。

【旧版条文】

5.29 管道和受热面管子对接接头的布置位置应符合下列规定：

5.29.1 管子的对接接头应位于管子的直段部分。压制弯头允许没有直段，但应有足够的强度裕度以补偿附加到焊缝上的弯曲应力。

受热面管子的对接接头中心，距管子弯曲起点或汽包、联箱外壁及支吊架边缘的距离应不小于70mm。

【解读】原条文的拆分。

6.9.4 管道对接焊缝中心距弯管的弯曲起点应不小于管道外径，且不小于100mm；距管道支吊架边缘应不小于100mm。对于焊后需做热处理的接头，该距离应不小于焊缝宽度的5倍，且不小于100mm。

【旧版条文】

5.29.3 管道对接接头中心距弯管的弯曲起点不得小于管道外径，且不小于100mm；距管道支吊架边缘不得小于50mm。对于焊后需作热处理的接头，该距离不小于焊缝宽度的5倍，且不小于100mm。

【解读】修改条文。

引用 TSG G0001—2012《锅炉安全技术监察规程》第 3.9.2.2 条的规定，将管道对接焊缝中心距管道支吊架边缘的距离从"应不小于 50mm"修改为"应不小于 100mm"。

6.9.5 锅炉受热面管子（异种钢接头除外）以及管道直段上，对接焊缝中心线间的距离（L）应满足以下要求：

a）外径<159mm，$L \geq 2$ 倍外径；

b）外径≥159mm，$L \geq 300$mm。

当锅炉结构难以满足上述要求时，对接焊缝的热影响区不应重合，并且 $L \geq 50$mm。管道、受热面管子的相邻接头之间的距离不小于 150mm，且不应小于管子外径。

【解读】新增条文。

引用于 GB/T 16507.3—2013《水管锅炉 第 3 部分：结构设计》第 5 章"焊接连接要求"中的 5.3 条。

规定对接焊缝中心线间的距离主要是为了避免焊后热应力叠加。

6.9.6 汽包、启动分离器、联箱、过热器管道及再热器管道的纵向和环向焊缝，封头的拼接焊缝等应采用全焊透型焊缝。锅炉受压元件的焊缝不应采用搭接结构。

【解读】新增条文。

引用于 GB/T 16507.3—2013《水管锅炉 第 3 部分：结构设计》第 5 章"焊接连接要求"中的 5.5 条。

汽包、启动分离器、联箱、过热器管道及再热器管道的纵向和环向焊缝，封头的拼接焊缝等应采用全焊透型焊缝主要是满足强度要求。锅炉受压元件的焊缝不应采用搭接结构也是满足强度要求。

6.9.7 疏放水及仪表管等的开孔位置应避开管道接头，开孔边缘距对接焊缝应不小于 50mm，且应不小于管道外径。

5.29.5 疏、放水及仪表管等的开孔位置应避开管道接头，开孔边缘距对接接头不应小于 50mm，且不应小于管子外径。

【解读】原条文。

6.9.8 接头焊缝位置应便于施工焊接、无损检测、热处理和修理。

5.29.6 接头焊缝位置应便于施焊、探伤、热处理和修理。

【解读】修订条文。

6.10 厚度不同的焊件对接

6.10.1 汽包纵（环）焊缝及封头（管板）拼接焊缝或两元件的组装焊缝的装配应满足以下要求：

a）纵缝或封头拼接焊缝两边钢板的实际边缘偏差值不大于名义厚板的 10%，且不超过 3mm；当板厚大于 100mm 时，不超过 6mm。

b）环缝两边钢板的实际边缘偏差值（包括厚板差在内）不大于名义厚板的 15%加 1mm，且不超过 6mm；当板厚大于 100mm 时，不超过 10mm。

当边缘厚度偏差值超过上述规定值时，不同厚度的两元件或钢板对接应将厚板边缘削至与薄板边缘平齐，削出的斜面应当平滑，且斜率不大于 1∶3。

5.27 厚度不同的焊件对接时，应将较厚焊件的边缘削薄，以便与较薄的焊件平滑相接。被削薄部分长度至少为壁厚差的 4 倍。焊件经削薄后如不能满足强度要求的，则应加过渡接头。

【解读】修订条文。

引用于 GB/T 16507.3《水管锅炉 第 3 部分：结构设计》第 5 章 "焊接连接要求" 中的 5.9 条。

6.10.2 焊件经削薄后如不能满足强度要求的，应加过渡接头。

> 旧版条文
>
> **5.27** 厚度不同的焊件对接时，应将较厚焊件的边缘削薄，以便与较薄的焊件平滑相接。被削薄部分长度至少为壁厚差的 4 倍。焊件经削薄后如不能满足强度要求的，则应加过渡接头。

【解读】原条文。

6.11 防腐、防磨、防堵

6.11.1 液态排渣锅炉和燃用煤种中硫、碱金属等低熔点氧化物含量高的固态排渣锅炉，应防止高温腐蚀。

> 旧版条文
>
> **5.3** 液态排渣锅炉和燃用煤种中硫、碱金属等低熔点氧化物含量高的固态排渣锅炉，应采取防止高温腐蚀的措施。

【解读】修订条文。

6.11.2 采用低氮燃烧技术的锅炉水冷壁宜采取防止高温腐蚀措施。

【解读】新增条文。

由于满足国家节能减排政策的要求，电站煤粉锅炉基本上都进行了低氮燃烧技术的改造，由此引发的问题是可能导致水冷壁出现高温腐蚀，特别是前后墙对冲燃烧的锅炉。目前已有些锅炉侧墙出现了水冷壁高温腐蚀的问题。因此，增加了采用低氮燃烧技术的锅炉水冷壁宜采取防止高温腐蚀措施。

6.11.3 循环流化床锅炉水冷壁应采取防止磨损的措施。

6.11.4 过热器、再热器和省煤器管排的设计应采取防磨措施，防止烟气走廊造成的局部磨损，其管排应固定可靠，防止个别管子出列。

6.11.5 尾部受热面计算烟速应按管壁最大磨损速度小于 0.2mm/a 选取，烟气含灰浓度较大时应考虑壁厚附加磨损量。

> **旧版条文**
>
> 5.4 循环流化床锅炉应有防止受热面磨损的措施。
>
> 5.13 尾部受热面计算烟速应按管壁最大磨损速度小于 0.2mm/a 选取，含灰气流应考虑壁厚附加磨损量。在布置时，应防止由于烟气走廊造成的局部磨损。管排应固定牢靠，防止个别管子出列。

【解读】修订条文。

将原规程 5.4、5.13 合并修改为 6.11.3～6.11.5 条。

对过热器、再热器、省煤器、水冷壁管设计时应考虑其磨损问题，如防止形成烟气走廊、预留壁厚附加磨损量等。

与非循环流化床锅炉主要磨损区域在受热面不同，循环流化床锅炉由于在炉膛和循环回路有大量物料循环，会严重磨损水冷壁。因此，循环流化床锅炉水冷壁防止磨损是关键问题，应在设计以外另加以特殊防护，如在水冷壁重点部位表面喷涂耐磨材料等。

6.11.6 炉膛水冷壁四角、燃烧器大滑板、包覆管、顶棚管和穿墙管等位置，应防止膨胀受阻或受到刚性体的限制，避免管子碰磨或拉裂。

> **旧版条文**
>
> 5.15 大型锅炉炉顶联箱布置高度应根据联箱管束的柔性分析确定。
>
> 炉膛水冷壁四角、燃烧器大滑板、包覆管、顶棚管和穿墙管等，应防止膨胀受阻或受到刚性体的限制，避免管子拉裂、碰磨。

【解读】原条文。

6.11.7 制造、安装、检修阶段应采取必要的技术措施，确保联箱、受热面管内清洁。

【解读】新增条文。

在制造、安装、检修阶段采取必要的技术措施，保证联箱、受热面管内清洁，避免堵塞爆管。

6.11.8 超（超）临界压力锅炉应防止氧化皮脱落堵塞。

【解读】新增条文。

超（超）临界压力锅炉由于蒸汽参数的提高，高温段受热面内壁受蒸汽氧化作用，氧化皮生长速度快，机组启停时参数变化过快时容易造成氧化皮集中脱落，造成堵管，特别是对于不锈钢材质。因此应有防止氧化皮脱落的运行控制措施和及时发现氧化皮脱落的检验措施。

6.12 锅炉热膨胀

6.12.1 锅炉应有热膨胀设计。悬吊式锅炉本体的膨胀图中应有明确的膨胀中心，并注明部件膨胀的方向和膨胀量，为实现以膨胀中心为起点按预定方向膨胀，并保持膨胀中心位置不变，应设置膨胀导向装置。

> **旧版条文**
>
> **5.18** 锅炉应有热膨胀设计。悬吊式锅炉本体的膨胀图中应有明确的中心，并注明部件膨胀的方向和膨胀量，为实现以膨胀中心为起点按预定方向膨胀，并保持膨胀中心位置不变，应设置膨胀导向装置。汽包和水冷壁下联箱上应装设膨胀指示器。

【解读】修订条文。

装设膨胀指示器的条文拆分到 6.12.2。

6.12.2 汽包两端、大包顶四角、水冷壁中间、水冷壁下联箱、燃烧器附近、炉膛前后左右、炉膛下部排渣口、尾部包墙下联箱等部位应装设膨胀指示器。

【解读】新增条文。

在原 5.18 中有关装设膨胀指示器规定的基础上提出更广泛的具体部位应装设膨胀指示器的规定，要求在汽包两端、大包顶四角、水冷壁中间、水冷壁下联箱、燃烧器附近、炉膛前后左右、炉膛下部排渣口、尾部包墙下联箱等具体部位装设膨胀指示器。

6.13　炉膛、烟道承压与密封

6.13.1　大型锅炉顶部应采用气密封全焊金属结构,在保证自由膨胀的前提下应有良好的密封性能。受热面管穿顶棚部位应采用柔性密封结构,管子与密封板焊接部位应加套管。

> **旧版条文**
>
> **5.34**　大型锅炉顶部应采用气密封全焊金属结构，在保证自由膨胀的前提下又要有良好的密封。

【解读】修订条文。

增加了受热面管穿顶棚部位应采用柔性密封结构，管子与密封板焊接部位应加套管的要求。

6.13.2　炉膛结构应能承受非正常情况所出现的瞬态压力。在此压力下，炉膛不应由于支撑部件发生弯曲或屈服而导致永久变形。

6.13.3　烟道应具有一定的承压能力,在承受局部瞬间爆燃压力或炉膛突然灭火引风机出现瞬间的最大抽力时,不应由于支撑部件的屈服或弯曲而产生永久变形。

6.13.4　炉膛设计瞬态压力不应低于±8.7kPa。引风机和脱硫增压风机合二为一时，炉膛和烟道应采取防内爆措施。

5.33   火室燃烧锅炉的炉膛与烟道应具有一定的承压
能力，在承受局部瞬间爆燃压力和炉膛突然灭火引风机出现瞬
间的最大抽力时，不因任何支撑部件的屈服或弯曲而产生永久
变形。额定蒸发量220t/h 及以上的锅炉，当采用平衡通风时，
炉膛承压能力不小于±3.92kPa。但设计预留有除硫装置的锅炉
除外。

【解读】修订条文。

将原规程 5.33 条整理拆分为 6.13.2～6.13.4 条，层次更加清
晰，按照 DL/T 435《电站煤粉锅炉膛防爆规程》将原规程"炉膛承
压能力不小于±3.92kPa"调整为"炉膛设计瞬态压力不应低于
±8.7kPa"。

6.14   锅炉门孔

6.14.1   亚临界锅炉和直流锅炉的水冷壁管屏人孔门、燃烧器、抽
炉烟口等大型开孔应核查外边缘水冷壁管受热偏差和对管壁冷却
的影响。

5.10   亚临界压力和直流锅炉的水冷壁管屏大型
开孔（如人孔门、燃烧器、抽炉烟口等）应注意核查外边缘水
冷壁管受热偏差和对管壁冷却的不利影响。

【解读】修订条文。

6.14.2   锅炉上开设的人孔、手孔、检查孔、看火孔、打焦孔、仪表
测孔的数量、尺寸与位置应满足运行与检修的需要。

6.14.3   微正压锅炉看火孔应有防止火焰喷出的措施。

6.14.4   受压元件的人孔盖、手孔盖应采用内闭式结构。炉墙上的检
查孔、打焦孔、看火孔的孔盖应采用不被烟气冲开的结构。人孔门

外的上方，应有供人员进出的装置。

> **旧版条文**
>
> **5.43** 锅炉结构应便于安装、检修、运行和内外部清扫。锅炉上开设的人孔、手孔、检查孔、看火孔、通焦孔、仪表测孔的数量、尺寸与位置应满足运行与检修的需要。
>
> 微正压锅炉各部位的门孔应采用压缩空气或其他方法可靠地密封，看火孔应有防止火焰喷出的联锁装置。
>
> 受压元件的人孔盖、手孔盖应采用内闭式结构。炉墙上的检查孔、通焦孔、看火孔的孔盖应采用不易被烟气冲开的结构。人孔门外的上方，应有供人员进出的扶手。

【解读】修订条文。

将原规程 5.43 条整理拆分为 6.14.2～6.14.4 条，层次更加清晰。6.14.3 条内容进行了精简。

6.15 锅炉吹灰器

6.15.1 锅炉应根据燃料特性，配备必要的吹灰器，吹灰时不应导致受热面管壁吹损。程序控制的吹灰器应具有自动疏水的功能。

> **旧版条文**
>
> **5.44** 锅炉应根据燃料特性，配备必要的吹（除）灰装置，吹（除）灰时不应导致受热面管壁吹损。程序控制的吹灰器应具有自动疏水的功能。

【解读】原条文。

锅炉受热面积灰或结焦是不可避免的，特别是锅炉炉膛参数或燃烧器与燃用煤种不匹配时，锅炉受热面积灰或结焦更严重，导致水冷壁、过热器或再热器传热恶化，蒸汽参数达不到设计值或管壁超温。因此，锅炉应在炉膛、过热器和再热器等部位装设吹灰器，吹灰时不应导致受热面管壁吹损。

6.15.2 尾部受热面吹灰器应布置合理，不应离管排太近，尾部受热面应采取防磨措施，防止吹灰器吹灰造成局部磨损。

【解读】新增条文。

吹灰时应防止受热面造成局部磨损，或采取防磨措施，尾部受热面吹灰器应布置合理，不应离管排太近，尾部受热面应采取加装防磨瓦防磨措施，防止吹灰器吹灰造成局部磨损。

6.16 锅炉钢结构

6.16.1 锅炉钢结构的设计应符合 GB/T 22395 的规定。

【解读】新增条文。

GB/T 22395—2008《锅炉钢结构设计规范》是在 JB/T 6736—1993《锅炉钢结构设计导则》和 JB 5339—1991《锅炉构架抗震设计标准》基础上修订的，规定了锅炉钢结构的设计要求。

6.16.2 锅炉构架的各受力构件应满足强度、刚度和稳定性要求，避免受热。

> **旧版条文**
>
> 5.37 锅炉构架的各受力构件应满足强度、刚度和稳定性条件的要求。构件应避免受热。

【解读】原条文。

锅炉钢结构构件应尽量避免 150℃以上高温作用，长期受到高温作用的构件，除选用合适的钢材外，还应采取必要的隔热或冷却措施。

寒冷地区的锅炉钢结构，在设计时应采取防脆断措施。

6.16.3 悬吊式锅炉大板梁的挠度不应超过本身跨距的 1/850，次梁的挠度不应超过本身跨距的 1/750，一般梁的挠度不应超过本身跨距的 1/500，回转式空气预热器的支撑大梁的挠度不应超过本身跨距的 1/1000。

5.37 悬吊式锅炉炉顶主梁的挠度不应超过本身跨距 的 1/850。

【解读】修订条文。

根据 GB/T 22395《锅炉钢结构设计规范》对钢梁挠度容许值的要求，在原规程 5.37 条基础上补充了主要钢梁的挠度容许值。

6.16.4 水冷壁刚性梁不应采用搭接焊缝，对接焊缝应满足强度要求。

6.16.5 刚性梁与炉墙结构应满足下列要求。

a）刚性梁应自由膨胀且不影响水冷壁的膨胀，圈梁局部结构连接可靠。

b）正常运行中炉墙应无明显晃动。

c）炉墙应有良好的密封及保温性能。

d）在炉膛设计压力下，炉墙各部分不应有凹凸、开裂、漏烟、漏灰等问题。

e）抗震设防烈度为 6 度及以上地区的锅炉钢结构，应进行抗震设计。抗震设防烈度大于 9 度时，应按有关专门规定执行。

f）锅炉构架与锅炉房构架之间的支吊架、平台等应采用一端固定、另一端滑动的支承方式。滑动支承端应有足够的搭接长度。搭接在锅炉构架上的设备支架，在结构上应防止设备位移，禁止靠自重摩擦固定。

g）用锅炉构架承受外加的非设计荷重时，应征得锅炉设计部门的同意，并进行荷载校核。

h）冷灰斗支撑结构应有足够的强度和稳定性，核算荷载除炉膛设计压力外，还应包括可能承受的堆渣静载及落渣动载。

5.35 水冷壁刚性梁应避免采用搭接焊缝，对接焊缝 应有足够的强度。刚性梁与炉墙结构应满足下列要求：

　　a）刚性梁能自由膨胀且不影响水冷壁的膨胀,圈梁局部结构联接可靠;

　　b）正常运行中炉墙无明显晃动;

　　c）炉墙有良好的密封及保温性能;

　　d）在炉膛设计压力下,炉墙各部分不应有凹凸、开裂、漏烟。

5.41　在地震烈度7度～9度的地区,锅炉构架应符合下列要求:

　　a）新设计的锅炉应装设能满足抗震要求的抗震架;

　　b）悬吊式锅炉应有防止锅炉晃动的装置,此装置不应妨碍锅炉的自由膨胀;

　　c）锅炉汽包应安装牢固的水平限位装置。

5.42　锅炉构架与锅炉房构架之间的支吊架、平台等应采用一端固定,另一端为滑动的支承方式。滑动支承端应有足够的搭接长度。

　　搭接在锅炉构架上的设备支架,在结构上应能防止设备位移,不允许靠自重摩擦固定。

5.39　用锅炉构架承受外加的非设计荷重时,应征得锅炉设计部门的同意。

5.40　冷灰斗支撑结构应有足够强度与稳定性,在承受炉膛设计压力时,应该核算还可能承受的堆渣静载及落渣动载的能力。

【解读】修订条文。

　　在原规程5.35、5.41、5.42、5.39、5.40条基础上合并修订而成。

　　6.16.4、6.16.5 a）～d）来源于原规程5.35条。

　　6.16.5 e）来源于 GB/T 22395—2008《锅炉钢结构设计规范》。

　　6.16.5 f）来源于原规程5.42条。

　　6.16.5 g）来源于原规程5.39条。锅炉钢结构设计时主要考虑支承锅炉本体各部件，并维持它们之间的相对位置，以及承受风荷载、雪荷载和地震作用。为此，当需要增加其他非设计载荷时，应征得原锅炉设计单位同意。

6.16.5 h）来源于原规程 5.40 条。

6.17 直流锅炉的其他要求

6.17.1 直流锅炉启动系统的容量应与锅炉最低直流负荷相适应。

6.17.2 直流锅炉采用外置式启动分离器启动系统时，隔离阀的工作压力应按最大连续负荷下的设计压力确定，启动分离器的强度按锅炉最低直流负荷设计压力确定；采用内置式启动分离器启动系统时，各部件的强度设计计算应按锅炉最大连续负荷下的设计参数确定。

6.17.3 直流锅炉启动系统的疏水排放出力应满足锅炉各种启动方式下发生汽水膨胀时的最大疏水流量。

6.17.4 直流锅炉水冷壁管内工质的质量流速，在任何运行工况下应大于该运行工况下的最低临界质量流速。

6.17.5 直流锅炉启动系统中储水箱和启动分离器应当分别装设远程水位测量装置。

6.17.6 直流锅炉外置式启动分离器应装设安全阀。当直流锅炉采用截止阀分段或隔离过热器工质主流系统时，该截止阀前的系统区段亦应装设安全阀。

6.17.7 直流锅炉上下炉膛水冷壁出口应装设金属壁温测量装置，启动系统储水箱亦应装设壁温测量装置。

6.17.8 直流锅炉启动分离器或其出口管道上、省煤器进口、储水箱和循环泵出口应装设压力测量装置。如果直流锅炉蒸发受热面出口装有截止阀，在截止阀前亦应装设压力测量装置。

【解读】6.17.1～6.17.8 为新增条文。

当前大型火力发电锅炉大多已采用直流锅炉，为此新增有关直流锅炉的要求。

56

7　压力容器

7.1　基本要求

7.1.1　压力容器的设计除应符合 GB/T 150、GB/T 151 的规定外，还应满足产品相应技术条件的要求。

7.1.2　压力容器设计单位应根据委托方提出的设计条件，综合考虑失效模式和安全裕量及相关因素，保证压力容器具有足够的强度、刚度、稳定性和耐腐蚀性。同时还应考虑裙座、支腿、吊耳等与压力容器本体的焊接接头的强度要求。

> **旧版条文**
>
> **6　压力容器与管道的设计、制造**
>
> **6.1**　压力容器的设计和制造应符合 GB 150《钢制压力容器》、GB 151《钢制管壳式换热器》等有关规范、标准。

【解读】修订条文。

把压力容器设计要求单独描述，增加了"还应满足产品相应技术条件的要求"，如除氧器、高低压加热器等应满足产品的相应技术要求。增加了对设计单位的要求，强调设计单位要根据委托方提出的设计条件，综合考虑相关因素，保证压力容器的各种使用性能。提出了设计考虑的因素以及应达到的目标。

7.1.3　压力容器设计单位应向委托方提供完整的设计文件，包括：

a）强度计算书或应力分析报告、设计图样、制造技术条件，必要时还应包括安装及使用维护保养说明、风险评估报告等；

b）装设安全阀、爆破片装置的压力容器，设计文件还应当包括压力容器安全泄放量、安全阀排量和爆破片泄放面积的计算书。

> **旧版条文**
>
> **6.2**　压力容器的设计应有符合标准的总图、受压元件图和主要受压元件的强度计算书。

【解读】 修订条文。

依据 TSG 21《固定式压力容器安全技术监察规程》细化了压力容器设计单位应提供的设计文件和制造单位应提供的出厂文件内容。

7.1.4 压力容器制造单位应按照设计文件制造压力容器。如改变受压元件的材料、结构时，应征得原设计单位的同意，并取得证明文件。

> **旧版条文**
>
> **6.3** 压力容器应严格按照经审查批准的图纸和技术要求制造。如改变受压元件的材料、结构时，应征得原设计单位的同意，并取得证明文件，改动的部分应作详细记录。

【解读】 修订条文。

更改"压力容器应严格按照经审查批准的图纸和技术要求制造"为"压力容器制造单位应按照设计文件制造压力容器"，叙述更加准确和全面。"如改变受压元件的材料、结构时，应征得原设计单位的同意，并取得证明文件，改动的部分应作详细记录"更改为"如改变受压元件的材料、结构时，应征得原设计单位的同意，并取得证明文件"，删除"改动的部分应作详细记录"，这部分要求放入 7.1.5 "a）竣工图样"内容里。

7.1.5 压力容器出厂或竣工时，制造单位应向使用单位至少提供以下技术文件和资料：

a）竣工图样。竣工图样上应有设计单位设计专用章，并且加盖竣工图章；如果制造中发生了材料代用、无损检测方法改变、加工尺寸变更等，制造单位按照设计单位书面批准文件的要求在竣工图样上做出清晰标注。

b）压力容器产品合格证、产品质量证明文件和产品铭牌的拓印件或复印件。

c）特种设备制造监督检验证书（实施监督检验的产品）。

d）设计单位提供的压力容器设计文件。

4.10 压力容器出厂时应向用户提供以下技术资料：

　　a）设计图纸；

　　b）筒体及元件的强度计算书；

　　c）产品质量证明书（包括产品合格证、材质证明书、检验报告、水压试验报告）；

　　d）压力容器产品安全质量监督检验证书。

6.5 压力容器出厂前应按设计要求进行超水压试验。

【解读】修订条文。

依据 TSG 21《固定式压力容器安全技术监察规程》细化了压力容器制造单位应提供的出厂文件内容。

删除了原规程 6.5 条。由于 TSG 21《固定式压力容器安全技术监察规程》对压力容器制造过程中的无损检测和压力试验等检验试验项目均有详细的规定，没有必要单独提出超压试验的要求。

7.1.6 制造单位必须在压力容器的明显部位装设产品铭牌。铭牌应清晰、牢固、耐久。

4.11 压力容器应装设金属铭牌，铭牌上至少载明下列项目：

　　a）压力容器的类别、名称；

　　b）产品编号；

　　c）设计压力（MPa）、温度（℃）；

　　d）最高允许工作压力（MPa）；

　　e）净重（kg）；

　　f）制造厂名称；

　　g）制造许可证编号；

　　h）制造年月。

【解读】修订条文。

由于 TSG 21《固定式压力容器安全技术监察规程》对压力容器铭牌有非常详细的要求，本条内容进行了简化。

7.2 除氧器

7.2.1 除氧器本体结构、附件、外部汽水系统的设计、制造应满足《电站压力式除氧器安全技术规定》（能源安保〔1991〕709 号）和 JB/T 10325 的要求。

7.2.2 除氧器的设计压力应根据运行方式和运行中的最高工作压力确定。

7.2.3 除氧器的设计温度应根据启动或低负荷运行时辅助蒸汽温度和汽轮机最大连续输出功率时的回热抽汽温度确定。

7.2.4 除氧器的额定出力应满足锅炉在最大连续蒸发量运行时的给水消耗量需要，且应考虑低压加热器停用时的影响。

7.2.5 除氧器设计应满足负荷变化、水温变化，以及低负荷时出水含氧量不超标的要求，且应避免冲蚀、松动、旋涡、振动等。

7.2.6 除氧器水箱的应力分布应合理，避免出现过大的应力集中。

旧版条文

6.4 除氧器壳体材料宜采用 20g 或 20R，不应采用 16Mn 和 Q235，对于匹配直流锅炉的除氧器，除氧头壳体材料宜采用复合钢板。压力式除氧器本体结构、附件、外部汽水系统的设计以及除氧器制造按《电站压力式除氧器技术规定》执行。高低压加热器的进汽参数应与其设计参数相匹配。

【解读】修订条文。

能源安保〔1991〕709 号《电站压力式除氧器安全技术规定》是 1991 年原能源部和机械电子工业部联合颁发的，虽然其部分条款已不适应目前除氧器设计制造技术，但对除氧器本体结构、附件、外部汽水系统的设计要求等内容，目前还没有可以替代的新的规程标准，应继续执行。

依据《电站压力式除氧器安全技术规定》的要求，结合除氧器运行过程中曾经出现的出水含氧量不合格、水箱裂纹和振动等问题，增加了除氧器设计压力、设计温度和额定出力的确定方法，以及采取措施保证出水含氧量不超标、水箱应力分布和防止冲蚀、松动、旋涡、振动的要求。

由于原规程及《电站压力式除氧器安全技术规定》在编制时，受当时除氧器设计制造技术和锅炉运行技术所限，除氧器壳体材料推荐采用20g或20R，除氧头壳体材料推荐采用不锈钢复合钢板，目前大容量机组除氧器大部分采用16MnR（Q345R），超（超）临界机组配套的除氧器一般都采用内置式无除氧头结构，因此删除"除氧器壳体材料宜采用20g或20R，不应采用16Mn和Q235，对于匹配直流锅炉的除氧器，除氧头壳体材料宜采用复合钢板"的内容。

原规程中有关高低压加热器的内容放到7.3.2条。

7.3 高、低压加热器

7.3.1 高、低压加热器设计、制造应满足JB/T 8190、JB/T 8184的规定。

7.3.2 高、低压加热器的进汽参数应与其设计参数相匹配；加热器的设计压力、设计温度应与回热系统的设计参数相适应，应有足够的换热面积和良好的密封性能。

7.3.3 管板设计应有足够的厚度，管束隔板应布置合理。

7.3.4 疏水防冲板、进汽防冲板宜采用不锈钢，且有足够的厚度。

【解读】新增条文。

增加了高、低压加热器设计制造标准，提出了设计压力、设计温度、换热面积和密封性能的要求。为防止高、低压加热器管板变形、管束漏泄，增加了管板、隔板、防冲板的设计要求。

7.4 储氢罐

储氢罐在设计和制造过程中应采取增加壁厚、消除应力热处理等措施减小残余应力，防止由于氢损伤引起封头和焊缝附近筒体鼓包变形。

【解读】新增条文。

由于一些电厂储氢罐出现了氢损伤引起封头和焊缝附近鼓包变形的问题，增加了设计制造过程中减小残余应力的措施。

7.5 液氨储罐

7.5.1 液氨储罐人孔应设置在罐筒体顶部。卧式液氨储罐长度大于 6m 时应设置 2 个人孔，宜分别设置在罐体的两端。

7.5.2 液氨储罐应设置放水管和气体放空接合管。气体放空管管径不应小于储罐所选的安全阀入口管的管径。气体放空接合管应设置在罐体顶部。当罐体顶部设有人孔时，气体放空接合管可设置在人孔盖上。

7.5.3 与储罐相连的法兰、阀门和仪表等与氨接触的部件应与氨介质相适应，并考虑相应的防腐蚀措施。

【解读】新增条文。

目前大部分电厂因脱硝系统需要使用液氨储罐，增加了液氨储罐人孔、放水管及气体放空管的设计要求和应采取的防腐蚀措施。

7.6 扩容器

7.6.1 排污扩容器的强度设计应考虑可能出现的最高压力。

7.6.2 疏水扩容器容积和设计压力应根据疏水温度、压力和可能出现的最大疏水量确定。

> **旧版条文**
>
> 6.7 扩容器的设计强度应考虑到事故放水工况下扩容器可能出现的最高压力。
>
> 6.8 应根据疏水的温度、压力和可能出现的最大疏水量确定疏水扩容器的容积和设计压力。

【解读】修订条文。

对扩容器的强度设计、容积和设计压力的确定等内容进行了精简。

8 汽水管道及阀门

8.1 基本要求

8.1.1 汽水管道的设计应符合 DL/T 5054 的规定，并应符合国家相关技术标准要求。

8.1.2 汽水管道应力计算应按 DL/T 5366 执行，管系各部位应力和连接点所承受的力（力矩）应保持在允许范围内。

8.1.3 汽水管道的配制与加工应按 DL/T 850 执行，管件的制造应按 DL/T 695 执行。

8.1.4 阀门的设计、制造、出厂检验、安装、调试等应符合 NB/T 47044 的规定，并满足国家及行业相关标准和技术规范的要求。阀门设计压力和设计温度不得低于与其连接的管道的设计压力和设计温度。

8.1.5 阀门的标志应符合 GB/T 12220 的规定，标明阀门名称、编号、开关方向以及工质流动方向，主要调节阀应有开度指示。阀门的操作机构应设在便于操作的地点，在全开、全关位置有限制越位的机构。

8.1.6 阀门出厂时应具有完整的质量证明文件和产品安装使用说明文件，并应达到使用条件。

旧版条文

6.9 管道设计按 DL/T 5054—1996《火力发电厂汽水管道设计技术规定》执行。做到选材正确，布置合理，补偿良好，疏水通畅，流阻较小，支吊合理，安装维护方便，并应降低噪声，避免汽水冲击和共振。

使用国外管材，应采用相应标准或生产厂保证的性能数据进行强度计算。

露天布置的管道应考虑风载，并有良好的防雨设施。

6.10 管道应力计算按 SDGJ6《火力发电厂汽水管道应力计算

技术规定》进行。管系各部应力和连接点所承受的力和力矩应保持在允许范围内。整个管系任意一点的应力不应超限。

高温管道上应装设热位移指示器，在管道冲洗前调整指示在零位。设计单位应提供位移值的合格范围。

9.7.1 锅炉汽水管道的阀门及调整装置应有明显标志，标明阀门名称、编号、开关方向以及工质流动方向，主要调节阀应有开度指示。阀门的操作机构设在便于操作的地点，在全开、全关位置有限制越位的机构。

【解读】修订条文。

规定了汽水管道和阀门有关设计制造的基本要求，对原标准中的引用标准进行了更新和增补。汽水管道阀门种类较多，各类专门标准多且分散，无法一一引用，此处选择引用综合性标准 NB/T 47044《电站阀门》，作为汽水阀门的设计、制造、验收、安装、调试等工作的技术依据，同时并不排斥现行的其他标准。

8.2 设计与制造

8.2.1 高温汽水管道应设计必要的热位移指示器，并提供各关键点的计算热位移值。

8.2.2 由主管道引出的且内部介质不经常流动的分支管段，其引出点和管段的布置，应满足疏水的要求并防止冷凝液回流。

旧版条文

6.18 汽水管道应有足够的坡度。

由主管道引出但不经常运行的分支管段，其引出点应在主管道的下部或侧面，以保证疏水的要求。

【解读】修订条文。

高温蒸汽管道或联箱上不常启动的分支管，管内易形成凝结水，如布置不合理有可能导致冷凝水回流或管道内存水，造成管壁热疲劳开裂或引起管道振动。此类支管引出点宜设置在主管道的下半部，并选择合适的管系坡度和合理的疏放水设施。引出点设置在主管道上部的，截止门前管段应尽量短，并有良好保温以避免形成冷凝水。

8.2.3 当管道端部需焊接水压试验堵头时，应留有足够的长度余量。水压试验后切除堵头时应将焊缝连同热影响区一并切除。

【解读】新增条文。

为锅炉安装阶段水压试验而预留的汽水管道堵头应在水压试验后完全切除，不能残留包括热影响区在内的任何焊接残余，以避免在焊接残余物处开裂。在配管设计时应根据堵头型式预留割管长度，并在图纸上予以说明。

8.2.4 预制成形的管件或阀门对接时应在中间设直管，其长度可按下列规定选用：

　　a）公称尺寸小于 DN150 的管道，不小于 150mm；

　　b）公称尺寸不大于 DN500 且不小于 DN150 的管道，不小于 200mm；

　　c）公称尺寸大于 DN500 的管道，不小于 500mm；

　　d）直管段内有支吊架或疏水管接头时，应根据需要适当加长。

【解读】新增条文。

预制管件和阀门壁厚一般大于与之相连的管道公称壁厚，因此在出厂预制坡口处一般都有车削台阶，如将两者直接对焊则两侧台阶之间的焊接接头区是一个凹陷区域，壁厚较薄、台阶处有较大应力集中，且由于预制管件和阀门刚度较大，直接对焊时焊接接头中会产生较大的焊接残余应力，使得这类焊接接头在运行中容易开裂。如在预制管件和阀门中间加设直管段，可提高焊接接头处的柔性，减少焊接残余应力，降低台阶处应力。中间直段长度取值来源于 GB 50764—2012《电厂动力管道设计规范》（8.2.4 条）。

8.2.5 管道配制和加工时应编制加工和检验程序，明确各部件的加工、检验步骤和要求。

8.2.6 管道配制和加工时应做好技术记录，包括几何尺寸、理化检验、无损检测和水压试验等。

> **6.16** 管道配制和管件加工时，应做好技术记录，包括几何尺寸、材质检验、无损探伤和水压试验等。 【旧版条文】
> **6.17** 异型管件和其他复杂部件，制造时应编制加工和检验程序，明确各部件的加工、检验步骤和要求。……

【解读】修订条文。

原意未变，管件属于管道的一部分，不再分开叙述，所有管道的配制和加工均应编制加工和检验程序，并做好技术记录。

8.2.7 汽水管道上的热工取源部件宜在管道制造时预留接口管座，不宜在施工现场开孔设置。

【解读】新增条文。

在配管厂进行管座开孔、焊接、热处理便于施工和控制质量。

8.2.8 弯管制作的技术要求、椭圆度规定、试验方法和检验规则等应按 DL/T 515 执行，弯管两端直管段端部的圆度应符合相应钢管技术标准要求。

> **6.12** 管道的配制和加工，应由具备必要的技术力量、检测手段和管理水平的专业单位承担。 【旧版条文】
> 弯管制作的技术要求、圆度规定、试验方法和检验规则等按 DL/T 515《电站弯管》的规定执行。
> 用作弯管的管子，除检查端部尺寸外，还应沿整个长度检查其厚度以及弯制后与弯曲半径有关的壁厚变化。弯曲部位最小实际厚度不应小于直管最小壁厚。

【解读】修订条文。

将原规程 6.12 条拆分为 8.2.8 条和 8.2.10 条。

新版 DL/T 515 预计在 2018 年颁布实施，其中将弯管"椭圆度"改称为"不圆度"，其计算方法定义为"弯管同一截面上最大外径和最小外径差值的 2 倍与最大外径加最小外径之和的比值的百分数"。

8.2.9 弯头、三通等管件制造时应避免过厚的壁厚，应表面光洁、过渡区圆滑平整，无缺口、裂纹、分层、夹渣、过烧、漏焊、疤痕等缺陷。

> **6.17** 异型管件和其他复杂部件，制造时应编制加工和检验程序，明确各部件的加工、检验步骤和要求。 **旧版条文**
>
> 管件制造时要避免过厚的壁厚，过渡区要圆滑平整，应表面光洁，无缺口、裂纹、分层、夹渣、过烧、漏焊、疤痕等缺陷。

【解读】修订条文。

过厚的管件壁厚常会使管道焊口处带来较大的应力集中，对管道的安全运行不利。

8.2.10 弯管或弯头上任一点的实测壁厚，不得小于按 GB/T 16507.4 计算的最小需要壁厚，且不得小于相连管道的最小需要壁厚。

【解读】修订条文。

原规程 5.12 条拆分而来，明确依据 GB/T 16507.4 计算弯曲部位最小需要壁厚。

8.2.11 弯头的制造公差应符合标准，避免在安装时进行强力对口或再加工。

【解读】新增条文。

8.2.12 与高温蒸汽管道相连的排空气管、疏水管、排污管、仪表管及取样管等小径管一次门前管段以及温度测点套管宜与母管材质相同。

【解读】新增条文。

目前火力发电厂主蒸汽、再热蒸汽等管道因小口径管管座采用与管道不同材质，在运行后出现异种钢焊口开裂问题较多，故建议选用同种材质。

8.2.13 厚度不同的管道对接时，坡口型式应按 DL/T 869 执行。如对接处强度不能满足要求时，应加过渡接管。

> **旧版条文**
> **6.15** 厚度不同的管道对接时，坡口型式按 DLS007《电力建设施工及验收技术规范》（火力发电厂焊接篇）的规定执行。如对接处强度不能满足要求时，应加过渡接管。

【解读】原条文。仅替换引用标准号。

8.2.14 以焊接方式连接的阀门，阀体进出口与接管口径应一致，当阀门与管道接口壁厚无法满足焊接要求或阀门接口材料与管道材料不相容时，应加过渡段，过渡段应与阀门焊接后整体供货。

【解读】新增条文。

阀体进出口与接管通流内径应一致。通常阀门侧壁厚较大，需要削薄后对口，如果阀门材料等级低于接管侧，削薄后可能会强度不足，此时不能对阀门接口进行削薄处理，应加不等厚的过渡管段以保证连接处强度。

如阀体与管道材质合金成分相差太大，由于材料间物理性能、化学性能、冶金性能的差异，在焊接时易产生熔合区碳迁移、较大残余应力、焊缝金属化学成分不均匀等问题，现场焊接难以保证焊接质量，对此应在制造厂内预先在阀体上焊接过渡管。

8.2.15 阀门的驱动装置应与阀门的设计要求相适应，应安全可靠，动作灵活。电动阀门的执行机构应符合 DL/T 641 的规定，输出力应满足不同工况下阀门的快速开启和关闭的要求，其刚度应满足系统稳定性的要求。气（液）动力阀门的执行机构应按系统最大设计压力和最高设计温度确定。

【解读】新增条文。

电站汽水管道阀门的驱动装置以电动为主，其执行机构应符合 DL/T 641 要求，电动执行机构应有一定刚度，以保证在瞬间过载的情况下不发生变形和损坏。

8.2.16 调节阀应具有良好的调节性能，并附有满足自动控制要求的调节特性曲线，阀门关闭后泄漏量应满足 GB/T 10869 及相关泄漏等级的要求。

【解读】新增条文。

8.2.17 阀门部件设计应方便维修、安装和拆卸，并满足运行要求。阀门本体可整体运输和起吊。高压球型阀应可不从管道上拆除壳体时进行完全维修，阀座应采用合金材料，允许多次磨合和修整。

【解读】新增条文。

规定了阀门的结构设计上应满足便于维修的要求。

8.2.18 装设在运行中前后压差较大处的阀门，应防振、防汽蚀、防两相流。

【解读】新增条文。

对于高压差的工况，阀门内介质的流速高，易引起振动、冲刷、汽蚀等现象，需要对阀门件的结构、材质及硬度加以考虑，以延长阀门的寿命。

8.2.19 主要汽水管道上截止阀、闸阀宜采用全流通结构。

【解读】新增条文。

主要汽水管道上截止阀、闸阀通径应保证避免产生过大的流道阻力。

8.2.20 阀体壁厚不应出现负偏差，内外表面不允许存在有害缺陷。铸件表面质量应符合 JB/T 7927 的规定。

【解读】新增条文。

铸件表面按 JB/T 7927《阀门铸钢件外观质量要求》规定，不低于 B 级要求。锻件表面应无肉眼可见的裂纹、夹层、折叠等缺陷。

8.2.21 阀门机械加工面不应存在有害的伤痕，密封面表面不应有裂纹、凹陷、气孔、斑点、刮伤、刻痕等缺陷。

【解读】新增条文。

8.3 监督和检验

【解读】新增条文。

汽水管道系统是火力发电机组的重要组成部分，在其设计、制造、安装以及运行工况等方面具有一定的特殊性，在电力行业内对汽水管道系统的监督、检验一直是单独进行管理的。主要执行标准为 DL/T 647《电站锅炉压力容器检验规程》、DL/T 438《火力发电厂金属技术监督规程》、DL/T 785《火力发电厂中温中压管道（件）安全技术导则》等。因此在 14 章检验以外，编写此节。

8.3.1 发电企业应建立主要汽水管道的监督技术档案，按照相关规程要求进行监督和检验。

【解读】新增条文。

发电企业应按照 DL/T 438《火力发电厂金属技术监督规程》和 DL/T 785《火力发电厂中温中压管道（件）安全技术导则》的相关要求建立监督技术档案、实行监督和检验。

8.3.2 发电企业应定期检查主要汽水管道支吊架承载情况，并根据检查结果进行维护和调整。

【解读】新增条文。

随着机组启停运行，汽水管道支吊架的状态会发生变化，进而影响整个管系的应力分布，每次 A 级检修都应对其进行检查。检查和调整依据 DL/T 616 执行。

8.3.3　管道运行中的振动不应导致管道系统及相关附件和支吊架发生损坏和功能失效。当管道发生明显振动、水击和汽锤现象时，应及时对发生位置、时间、工况和管道振动状况进行记录，分析原因，及时采取措施，并对管道系统和支吊架进行检查。管道的振动评估与治理应按 DL/T 292 执行。

【解读】新增条文。

根据 DL/T 292 4.1—4.4 条和 DL/T 616 3.4.1—3.4.2 条的相关规定。

8.3.4　汽水管道应定期巡视，发现主要汽水管道泄漏时应立即停炉处理，并查明泄漏原因，制定预防措施。

【解读】新增条文。

对于主蒸汽、再热（热段）蒸汽、主给水管道以及其他高温高压主管道发生泄漏时，应立即停炉处理，不得在此类主管路上实施带压堵漏作业。

8.3.5　汽水管道与支吊架的改造与调整应符合 DL/T 616 的要求。当存在以下情况或其他对管系应力分布造成较大影响的情况时，应重新进行管道应力分析计算，根据计算结果进行管道和支吊架调整：

　　a）改变安全阀、泄放阀或动力控制阀型号或排汽管道尺寸；

　　b）更换管道或保温材料的重量、尺寸、布置或材质等与原设计不同；

　　c）改变支吊架位置、类型、载荷或增加约束。

【解读】新增条文。

上述几种情况会对管系的应力分布带来较大的影响，有必要重新进行应力计算。

8.3.6　已安装奥氏体钢温度测点套管的高温蒸汽管道，应在机组投运的第一年内及每次 B 级以上检修时对套管角焊缝进行渗透和超声波检测，如发现角焊缝开裂情况，应更换与管道相同材质的温度测点套管。

【解读】新增条文。

对 8.2.12 条的补充，规定使用中的奥氏体钢温度测点套管每次 B 级检修都需进行检验，直至更换同材质套管。近几年多数奥氏体钢温度测点套管管座焊缝出现了沿管道母材熔合线开裂的问题，尤其以 9%～12% Cr 马氏体型耐热钢的管道上最为明显，运行时间从几千到几万小时不等。

8.3.7　对 9%～12% Cr 马氏体型耐热钢的管道焊缝超声波检测发现的不超标内部缺陷应跟踪复查。

【解读】新增条文。

9%～12% Cr 马氏体型耐热钢的管道焊缝，在焊接时需要严格控制线能量。有些单位在焊接 9%～12% Cr 马氏体型耐热钢的管道时不认真执行相关工艺规定，选用焊接线能量过大，造成熔池凝固时间长，微区成分发生偏析，金相组织内形成高硬度、低熔点的层片状富 Cr、Mo 的析出相。在熔池凝固或上层焊道的热循环作用下，沿析出相易生成微小的热裂纹（尺寸多在 3mm 以下，有的呈放射状）。这些微小的热裂纹在常规超声波检测中呈点状反射，其超声反射信号依据相关超声标准常常并不超标，同时也不易判别性质。此类缺陷在运行工况下有可能扩展并形成宏观裂纹。因此，在对 9%～12% Cr 马氏体型耐热钢的管道焊缝的超声波检测中，对点状缺陷的记录、跟踪复查是有必要的。

8.3.8　用于主蒸汽管道及再热蒸汽热段管道的 9%～12% Cr 马氏体

型耐热钢管材在配管前，应对其出厂资料、出厂标记、外观质量、尺寸、材质等项目进行检查，确认其质量符合设计要求。

【解读】新增条文。

总结以往的经验教训，强调了对 9%～12% Cr 马氏体型耐热钢管的原材料质量检验要求。

9 受压元件焊接

9.1 基本要求

9.1.1 受压元件施焊前应按 DL/T 868 或 NB/T 47014 进行焊接工艺评定，并依据批准的焊接工艺评定报告，制定焊接作业指导书。下列接头应进行焊接工艺评定：

　　a）受压元件的对接焊接接头；

　　b）受压元件的角接焊接接头；

　　c）受压元件与承载的非受压元件之间的 T 形接头。

9.1.2 焊接设备、热处理设备及仪表应定期检查，需要计量校验的部分应在校验有效期内使用。

9.1.3 受压元件的焊接质量应按 DL/T 869 要求和有关规定进行检验。

9.1.4 受压元件的焊接应做好验收记录和可追溯性过程记录。

旧版条文

8 受压元件的焊接

8.1 一般规则

8.1.1 用焊接方法制造、安装和修理改造受压元件时，应按 SD340《火力发电厂锅炉压力容器焊接工艺评定规程》的规定进行焊接工艺评定，并依据批准的焊接工艺评定报告，制定受压元件的焊接作业指导书。

8.1.2 受压元件的焊接工作，应由经培训并取得与所焊项目相对应的考试合格的焊工担任。并在被焊件的焊缝附近打上焊工的代号钢印。

8.1.3　焊接设备的仪表应定期进行校验，不合格不得继续使用。

8.1.4　受压元件的焊接质量应按本规程要求和有关规定进行检验。无损检验报告由Ⅱ级或Ⅲ级无损检验员签发。焊接质量检验报告及检验记录应妥善保管（至少 5 年）或移交使用单位长期保存。

8.1.5　受压元件的焊接应有焊接技术记录。焊接技术记录的内容应包括元件编号、规格、材质、位置、检验方法、抽检比例及数量、检验报告编号、返修部位、返修检验报告编号、焊后热处理记录和焊接作业指导书编号等。

【解读】修订条文。

受压元件施焊前的焊接工艺评定，除原规程的电力行业标准外，还增加了"或按 NB/T 47014 进行焊接工艺评定"的内容。

除原规程的焊接设备外，还增加了热处理设备及仪表应定期检查，需要计量校验的部分应在校验有效期内使用。

增加了受压元件的焊接质量应按 DL/T 869 要求和有关规定进行检验的要求。检验工作的具体规定按相关规程执行。

对受压元件的焊接技术记录部分进行了简化，改为：受压元件的焊接应做好验收记录和可追溯性过程记录。

9.2　焊接材料

9.2.1　焊接材料（包括焊条、焊丝、钨棒、氩气、氧气、乙炔气、焊剂等）的质量应符合国家标准、行业标准或有关专业标准。焊条、焊丝应有制造厂的质量合格证书，并经验收合格方能使用。承压设备用焊接材料应符合 NB/T 47018 的规定，凡对质量有怀疑时，应按批号复验。

9.2.2　焊接材料的选用应根据母材的化学成分和力学性能、焊接材料的工艺性能、焊接接头的设计要求和使用性能等统筹考虑。

旧版条文

8.2 焊接材料

8.2.1 焊接材料（包括焊条、焊丝、钨棒、氩气、氧气、乙炔气、电石、焊剂等）的质量应符合国家标准、行业标准或有关专业标准。焊条、焊丝应有制造厂的质量合格证书，并经验收合格方能使用。凡对质量有怀疑时，应按批号复验。

8.2.2 焊接材料的选用应根据母材的化学成分和机械性能、焊接材料的工艺性能、焊接接头的设计要求和使用性能等统筹考虑。

【解读】修订条文。

基本保留了原条款的内容，增加了"承压设备用焊接材料应符合 NB/T 47018 的规定"的内容。

9.3 焊接工艺

9.3.1 受压元件的焊接工艺和焊接接头焊后热处理工艺，应按 DL/T 869、DL/T 752 和 DL/T 819 的规定执行。制造厂内的焊接及热处理可按 GB/T 16507.5 执行。

9.3.2 除设计规定的冷拉焊口外，焊件装配时不允许强力对正。焊接和焊后热处理时，焊件应可靠固定，禁止悬空或受外力作用。安装冷拉焊口使用的冷拉工具，应待整个焊口焊完并热处理完毕后方可拆除。

9.3.3 对于工作压力不小于 9.8MPa 的受压元件，其管子或管件的对接接头、全焊透管座的角接接头，应采用氩弧焊打底电焊盖面工艺或全氩弧焊接。

9.3.4 对于需要作焊后热处理的受压元件、部件，应在最终热处理前完成全部焊接和校正工作。

9.3.5 对焊后有产生延迟裂纹倾向的钢种，应按焊接工艺评定确定的工艺，及时进行后热或焊后热处理。对有再热裂纹倾向的钢种，应在焊后热处理过程中采取措施避免其产生。

9.3.6 现场焊接 9%～12% Cr 马氏体耐热钢、奥氏体耐热钢及镍基合金等的特殊要求按 DL/T 869 执行。

9.3.7 钢结构的焊接，按照 DL/T 678 或 NB/T 47043 执行。

8.4 焊接工艺的规定

旧版条文

8.4.1 受压元件的焊接工艺和焊接接头焊后热处理的规范，按 DL 5007《电力建设施工及验收技术规范》（火力发电厂焊接篇）的规定执行。

在受压元件焊接工艺设计之后，并在实施产品焊接前，按 SD 340《火力发电厂锅炉压力容器焊接工艺评定规程》的规定进行焊接工艺评定。下列受压元件的焊接接头应进行焊接工艺评定：

a）受压元件的对接焊接接头；

b）受压元件的角接焊接接头；

c）受压元件与承载的非受压元件之间的 T 形接头。

8.4.2 除设计规定的冷拉焊口外，焊件装配时不允许强力对正，以避免产生附加应力。焊接和焊后热处理时，焊件应垫牢，禁止悬空或受外力作用。安装冷拉焊口使用的冷拉工具，应待整个焊口焊完并热处理完毕后方可拆除。

8.4.3 对于工作压力等于或大于 9.8MPa 的受压元件，其管子或管件的对接接头、全焊透管座的角接接头，应采用氩弧焊打底电焊盖面工艺或全氩弧焊接。

8.4.4 为降低焊接接头的残余应力，改善焊缝和热影响区金属的组织和性能，应严格按照有关规定进行焊后热处理。

对于需要作焊后热处理的受压元件、部件，全部焊接和校正工作，应在最终热处理前完成。

有应力腐蚀可能性的焊接接头，不论其厚度多少，均应进行焊后热处理。

8.4.5 对异种钢焊接接头焊后热处理的加热温度，应按两侧钢种和焊缝统筹考虑。对珠光体、贝氏体和马氏体热强钢，一般应按较低的下临界点 Acl 选取。

8.4.6 对焊后有产生延迟裂纹倾向的钢种，应按焊接工艺评定确定的工艺，及时进行后热或焊后热处理。

【解读】修订条文。

对受压元件的异种钢焊接工艺和焊接接头焊后热处理工艺提出了具体要求，增加了制造厂内的焊接及热处理可按 GB/T 16507.5 执行的内容；增加了 9%～12% Cr 马氏体耐热钢、奥氏体耐热钢及镍基合金焊接要求条文（见 9.3.6）；增加了钢结构的焊接要求；将原规程 8.4.1 款中有关工艺评定的部分前移至基本要求中。

9.4 受压元件缺陷的焊补

9.4.1 受压元件缺陷的焊补包括局部缺陷焊补和焊缝局部缺陷的挖补，应符合下列要求：

a）分析确认缺陷产生的原因，制定可行的焊接技术方案，锅炉汽包的补焊按 DL/T 734 执行；

b）焊补前应按焊接技术方案进行焊补工艺评定；

c）宜采用机械方法消除缺陷，并在焊补前进行无损检测，确认缺陷已彻底消除；

d）焊补前应按焊接工艺评定结果进行模拟练习；

e）缺陷焊补前后的检验报告、焊接工艺资料等应存档。

8.5 受压元件缺陷的焊补 `旧版条文`

8.5.1 受压元件缺陷的焊补包括局部缺陷焊补、局部区域的嵌镶焊补和焊缝局部缺陷的挖补。

受压元件及其焊缝缺陷焊补应做到：

a）分析确认缺陷产生的原因，制定可行的焊接技术方案，避免同一部位多次焊补。主要受压部件（如汽包）的焊接技术方案，应报集团公司或省电力公司锅炉监察机构审查备案；

b）焊补前应按焊接技术方案进行焊补工艺评定；

c）宜采用机械方法消除缺陷，并在焊补前用无损探伤手段确认缺陷已彻底消除；

d）焊补工作应由有经验的合格焊工担任。焊补前应按焊接工艺评定结果进行模拟练习；

e）缺陷焊补前后的检验报告、焊接工艺资料等应存档。

【解读】修改条文。

对原规程 8.5.1a）条进行了修改。删除了"主要受压部件（如汽包）的焊接技术方案，应报集团公司或省电力公司锅炉监察机构审查备案"的内容。因汽包补焊处理已有专业技术标准，增加了"锅炉汽包的补焊按 DL/T 734 执行"的内容。

9.4.2 受压元件因应力腐蚀、蠕变和疲劳等产生的大面积损伤不宜用焊补方法处理。

9.4.3 受压元件及其焊缝缺陷焊补后，应进行 100%的无损检测，必要时进行金相检验、硬度检验和残余应力测定。

9.4.4 受压元件焊补后的热处理宜采用整体热处理。采用局部热处理时，应整段加热，同时要控制周向和壁厚方向的温度梯度。

9.4.5 同一位置的挖补次数不宜超过三次，耐热钢不应超过两次。

8.5.2 受压元件采用嵌镶板块方法进行焊补的要求 **旧版条文**
如下：

a）不得将嵌镶板块与受压元件用搭接角缝连接；

b）嵌镶板块应削成圆角，其圆角半径不宜小于100mm；

c）嵌镶板块与受压元件的连接焊缝不应与原有焊缝重合；

d）嵌镶板块金属材料的成分和性能，应与受压元件相同或相近。

8.5.3 受压元件因应力腐蚀、蠕变和疲劳等产生的大面积损伤不宜用焊补方法处理。

8.5.4 受压元件及其焊缝缺陷焊补后，应进行 100%的无损探伤，必要时进行金相检验、硬度检验和残余应力测定。

8.5.5 受压元件焊补后的热处理宜采用整体热处理。采用局部热处理时，应整段加热，同时要控制周向和壁厚方向的温度梯度，以减少温差应力。

8.5.6 同一部位不宜多次焊补，一般不宜超过三次。当钢材有再热裂纹倾向或热应变脆化倾向时，更应严格限制焊补次数。

【解读】修改条文。

删除了原规程中"8.5.2 受压元件采用嵌镶板块方法进行焊补的要求"部分内容。

补焊次数的要求与 DL/T 869 一致。同一位置的挖补次数不宜超过三次，耐热钢不应超过两次。

9.5 焊接检验与质量标准

9.5.1 受压元件的焊接质量检验包括下列项目：

a）外观检查，检查项目和质量标准按 DL/T 869 执行；

b）无损检测，检测工艺及质量分级按 NB/T 47013、DL/T 820 和 DL/T 821 等相关标准执行；

c）现场金相检验按 DL/T 884 执行；

d）硬度检查，根据不同的检验方法，应满足相应的技术标准要求；

e）合金钢焊缝光谱复查，按照 DL/T 991 执行；

f）钢结构的验收，按照 DL/T 678 或 NB/T 47043 执行。

9.5.2 受压元件焊接接头的分类方法、各类别焊接接头的检验项目和抽检比例及质量标准，按 DL/T 869 和 DL/T 5210.7 执行。

8.6 焊接检验与质量标准

8.6.1 受压元件的焊接质量检验包括以下项目：

　　a）外观检查；

　　b）无损探伤检查；

　　c）割样检查（机械性能、金相、断口）；

　　d）硬度检查；

　　e）合金钢焊缝光谱复查。

8.6.2 受压元件焊接接头的分类方法、各类别焊接接头的检验项目和抽检百分比及质量标准，按 DL 5007《电力建设施工及验收技术规范》（火力发电厂焊接篇）执行。但对超临界压力锅炉的受热面和一次门内管子的 I 类焊接接头，应进行 100%无损探伤，其中射线透照不少于 50%。

8.6.4 受压元件焊接后应进行水压试验。水压试验应在热处理和无损探伤合格后进行。规定如下：

　　a）联箱及其类似元件，应以设计压力的 1.5 倍在制造厂进行水压试验。在试验压力下保持 5min。

　　b）对接焊接的受热面管子及管件，应在制造厂逐根逐件进行水压试验。试验压力为设计压力的两倍。在试验压力下保持 10～20s。对于额定蒸汽压力不大于 13.7MPa 的锅炉，此试验压力可为 1.5 倍。

　　c）锅炉受压元件的组件水压试验在组装地进行。试验压力：再热器为设计压力的 1.5 倍；过热器、省煤器为设计压力的 1.25 倍。在试验压力下保持 5min。

　　d）锅炉整体水压试验及水压试验的合格标准按本规程第 14 章的有关规定进行。

【解读】修订条文。

　　提出了受压元件的焊接质量检验不同检验项目具体执行的标准；伴随着技术进步，割样检查已经被其他检验方法所取代，故删除了原规程中割样检查的相关内容；随着合金材料的大批量使用，焊接接头的金相组织更加受到重视，所以增加了现场金相检验的项目及其执行标准；制造阶段受压元件焊接后水压试验按照 TSG G0001—2012《锅炉安全技术监察规程》的要求执行，安装和检修阶段没有单个部件的水压试验，故删除原规程的 8.6.4 款。

9.6　受压元件不合格焊口的处理原则

9.6.1　外观检查不合格的焊缝，不允许进行其他项目检查，但可修补。

9.6.2　无损检测不合格的焊缝，除对不合格的焊缝返修外，在同一批焊缝中应加倍抽查。若仍有不合格者，则该批焊缝以不合格论，应在查明原因后返工。

9.6.3　焊接接头热处理后的硬度超过规定值时，应按班次加倍复查。当加倍复查仍有不合格者时，应进行 100%的复查，并在查明原因后对不合格接头重新热处理。

9.6.4　合金钢焊缝光谱复查发现错用焊条、焊丝时，应对当班焊接的焊缝进行 100%复查，错用焊条、焊丝的焊缝应全部返工。

> **8.6.3**　受压元件不合格焊口的处理原则：　　**旧版条文**
>
> a）外观检查不合格的焊缝，不允许进行其他项目检查。但可进行修补。
>
> b）无损探伤检查不合格的焊缝，除对不合格的焊缝返修外，在同一批焊缝中应加倍抽查。若仍有不合格者，则该批焊缝以不合格论。应在查明原因后返工。
>
> c）焊接接头热处理后的硬度超过规定值时，应按班次加倍复查。当加倍复查仍有不合格者时，应进行 100%的复查，并在查明原因后对不合格接头重新热处理。
>
> d）割样检查若有不合格项目时，应做该项目的双倍复检。复检中有一项不合格则该批焊缝以不合格论。应在查明原因后返工。
>
> e）合金钢焊缝光谱复查发现错用焊条、焊丝时，应对当班焊接的焊缝进行 100%复查。错用焊条、焊丝的焊缝应全部返工。

【解读】修订条文。

删除了割样检查的相关内容，其他条款与 DL/T 869 和原规程的要求保持一致。

10 安全保护装置及仪表

10.1 安全阀

10.1.1 安全阀的材料、设计、制造、检验、安装、使用、校验和维修等应符合 TSG G0001 和 TSG ZF001 的规定，锅炉安全阀的选用、维护及校验还应符合 GB/T 12241、GB/T 16507.7 和 DL/T 959 的规定。

【解读】新增条文。

TSG G0001—2012《锅炉安全技术监察规程》6.1.1 条中基本要求：安全阀制造许可、产品型式试验及铭牌等技术要求应当符合 TSG ZF001《安全阀安全技术监察规程》规定。本条款中"检验"是指安全阀出厂型式试验。

10.1.2 锅炉汽包、过热器出口、再热器出口以及直流锅炉的外置式启动分离器上应装设安全阀，再热器进口可装设安全阀。当直流锅炉采用截止阀分段或隔离过热器工质主流系统时，该截止阀前的系统区段也应装设安全阀。

> **旧版条文**
>
> **9.1.1** 每台锅炉至少装两个全启式安全阀。过热器出口、再热器进口和出口、直流锅炉启动分离器都必须装安全阀。
>
> 直流锅炉一次汽水系统中有截断阀者，截断阀前一般应装设安全阀，其数量和规格由锅炉设计部门确定。

【解读】修订条文。

本规程对原规程"再热器出口必须装安全阀"的强制性要求进行了修订，改为"再热器进口可装设安全阀"，以适应目前锅炉的实际情况。为了使再热器进口管道有足够的蒸汽流量以确保再热器的安全，目前部分锅炉再热器进口没有设置安全阀，如哈尔滨锅炉厂制造的 350MW、600MW 机组锅炉。而哈尔滨锅炉厂制造的其他参数锅炉则设置了再热器进口安全阀。在不同引进方的锅炉设计方案中，是否设置再热器进口安全阀没有统一规定，且再热器进口不设置安全阀从防止再热器超温的意义上来说可以保护再热器安全。因此，本规程采用了"再热器进口可设置安全阀"的规定。

直流蒸汽锅炉过热蒸汽系统中任两级间的连接管道上装有截止阀时，为保证装于截止阀前的过热蒸汽系统的安全，必须装设安全阀。

10.1.3 每台锅炉宜装设一个或多个与锅炉直接相通的动力驱动泄放阀，其总排放量不小于锅炉最大连续蒸发量的 10%，可同时装设与锅炉直接相通的相同排放量的备用动力驱动泄放阀。

10.1.4 在装设与锅炉直接相通的相同排放量的备用动力驱动泄放阀后，动力驱动泄放阀与锅炉之间可装设隔离球阀。隔离球阀的最小流动面积应不小于动力驱动泄放阀的进口面积，且有清晰显示阀门处于开启或关闭状态的标志。

【解读】新增条文。

动力驱动泄放阀（power-actuated pressure relief valve）是一种全部由动力源（气动、电动）控制其开启或关闭动作的阀门。当锅炉系统超压并达到动力驱动泄放阀设定的开启压力时，动力驱动泄放阀打开，向外排放蒸汽，降低系统压力，为锅炉提供超压保护。ASME PG-67.4.2 规定："除了能满足 PG-67.4.3 中的变通规定以外，每台锅炉上还应装设弹簧式安全阀。它和按 PG-67.4.1 中规定装设的动力驱动泄压阀的总的组合排放量不小于锅炉制造厂确定的最大设计蒸发量的 100%。在此总排放量中，实际装设的动力驱动泄压阀排放量所计入的比例不应大于 30%。"按 ASME 规定所有动力驱动泄放阀的总排放量不应小于锅炉制造厂确定的在任何运行工况下锅炉最大设计蒸发量的 10%（此处不含备用动力驱动泄放阀），且实际装设的动力驱动泄放阀的排放量的比例不应大于锅炉最大设计蒸发量的 30%（此处含投入使用的备用 PCV 阀，因为一旦备用的动力驱动泄放阀投入使用就不再是备用的，其排放量应计入 30%内）。动力驱动泄放阀前安装的隔离球阀最小流通面积应不小于动力驱动泄放阀入口的面积，否则将会影响动力驱动泄放阀的额定排量。

10.1.5 锅炉安全阀和动力驱动泄放阀应加装消音装置，排汽管应采用不锈钢材质。

【解读】新增条文。

锅炉安全阀和动力驱动泄放阀排气管应采用不锈钢材质的原因，是为了防止排气管腐蚀产生的杂质造成安全阀阀座阀瓣密封面和动力驱动泄放阀球阀组件的损坏，同时可防止排气管中杂质堵塞消音装置，影响排放量。

10.1.6 安全阀在运行压力下应有良好的密封性能,安全阀整定应按锅炉制造单位的规定执行。无特殊规定时，应符合下列要求：

a）安全阀整定压力按表 1 的规定。

表 1　　　　　　安全阀整定压力

安装位置		安全阀整定压力	
汽包锅炉的汽包和过热器出口	额定蒸汽压力 $p \leq 5.9MPa$	最低值	1.04 倍工作压力
		最高值	1.06 倍工作压力
	额定蒸汽压力 $p > 5.9MPa$	最低值	1.05 倍工作压力
		最高值	1.08 倍工作压力
直流锅炉过热器出口		最低值	1.08 倍工作压力
		最高值	1.10 倍工作压力
再热器		1.10 倍工作压力	
启动分离器		1.10 倍工作压力	

注 1：各部件的工作压力指安全阀安装位置的工作压力，对于控制安全阀是控制源接出位置的工作压力。

注 2：过热器出口安全阀的整定压力应保证其在该锅炉一次汽水系统所有安全阀中最先动作。

注 3：直流锅炉过热蒸汽系统中两级间的连接管道截断阀前装设的安全阀，其整定压力按过热蒸汽系统出口安全阀最高整定压力进行整定。

表7　　　　　　　　　安全阀起座压力

安装位置		起座压力	
汽包锅炉的汽包或过热器出口	汽包锅炉工作压力 p<5.88MPa	动力控制安全阀	1.04 倍工作压力
		工作安全阀	1.06 倍工作压力
	汽包锅炉工作压力 p≥5.88MPa	动力控制安全阀	1.05 倍工作压力
		工作安全阀	1.08 倍工作压力
直流锅炉的过热器出口		动力控制安全阀	1.08 倍工作压力
		工作安全阀	1.10 倍工作压力
再热器			1.10 倍工作压力
启动分离器			1.10 倍工作压力

【解读】修订条文。

本规程表1中列出的额定蒸汽压力 $p \leqslant 5.9$MPa 的数据是为了便于额定压力小于9.8MPa的发电锅炉参照执行。

原规程表7中"安全阀起座压力"自2005年后的规程中都用"整定压力"代替，本规程中使用"整定压力"。

原规程表7是针对当时的主力机组（125MW和200MW）汽包分别安装一台"动力控制安全阀"和一台"工作安全阀"的情况制定的，目前在役运行锅炉汽包可能安装三个或更多台安全阀，不适合再用"动力控制安全阀"和"工作安全阀"来规定其整定压力，参照 TSG 0001—2012《锅炉技术安全监察规程》6.1.9 的规定，采用"最低值"和"最高值"的规定。

注 1：各部件的工作压力指安全阀安装位置的工作压力，对于控制安全阀是控制源接出位置的工作压力。其中"控制安全阀"是指整定压力是最低数值安全阀。

注 2：过热器出口安全阀的整定压力应保证其在该锅炉一次汽水系统所有安全阀中最先动作。过热器出口处的安全阀必须按照最低的整定压力进行整定，以保证锅炉内蒸汽泄压时过热器出口处的安全阀最先开启，有足够多的蒸汽流过而冷却过热器，防止其过热损坏。

b）安全阀的整定压力偏差符合表 2 的规定。

表 2   整定压力偏差

安装位置	整定压力（p_S）MPa	整定压力偏差 MPa
除锅炉本体外的压力容器	$p_S \leq 0.7$	±0.02（绝对值）
	$p_S > 0.7$	±3%p_S（相对值）
锅炉本体	$0.5 < p_S \leq 2.07$	±0.07（绝对值）
	$2.07 < p_S \leq 7.0$	
	$p_S > 7.0$	±1%p_S（相对值）

【解读】新增条文。

表 2 中安全阀整定压力是按照 ASME 和《电站锅炉安全阀技术规程》规定增加的条款。

c）安全阀的启闭压差为整定压力的 2%～7%。

9.1.2 安全阀的起座压力按制造厂规定执行。制造 〔旧版条文〕
厂没有规定时按表 7 的规定调整与校验。
　　安全阀的回座压差，一般应为起座压力的 4%～7%，最大不得超过起座压力的 10%。
　　安全阀在运行压力下应有良好的密封性能。

【解读】修订条文。

TSG G0001—2012《锅炉安全技术监察规程》和原规程都规定启闭压差为整定压力的 4%～7%，最大不得超过起座压力的 10%。

ASME《锅炉及压力容器规范》第 I 篇规定启闭压差为整定压力的 2%～4%，安全阀必须在 96%整定压力时回座。考虑到目前大型电站锅炉都是按照 ASME 规范设计制造的，电站锅炉安全阀启闭压差的技术要求应高于 TSG G0001—2012《锅炉安全技术监察规程》的通用规定，此次修订本规程将安全阀的启闭压差规定为整定压力的 2%～7%。

10.1.7　锅炉安全阀排放量的基本要求。

　　a）锅炉汽包和过热器上所有安全阀的排放量之和应大于锅炉最大连续蒸发量，并在锅炉汽包和过热器上所有的安全阀全开后，汽包内的蒸汽压力不应超过汽包最高允许压力的 1.06 倍。

　　b）再热器安全阀的排放量应大于再热器的最大设计蒸汽流量。

　　c）过热器和再热器出口处安全阀的排放量应保证过热器和再热器有足够的冷却。

　　d）直流锅炉过热器系统安全阀最高整定压力应不高于 1.1 倍安装位置过热器工作压力；或采取可靠措施，保证所有安全阀排放时的蒸汽压力不超过过热器出口计算压力的 1.2 倍。

　　e）直流锅炉外置式启动分离器安全阀的总排放量应大于锅炉启动时的产汽量。

9.1.4　汽包和过热器上所装全部安全阀排放量的总和应大于锅炉最大连续蒸发量。当锅炉上所有安全阀均全开时，锅炉的超压幅度在任何情况下均不得大于锅炉设计压力的 6%。

　　再热器进、出口安全阀的总排放应大于再热器的最大设计流量。

　　直流锅炉启动分离器安全阀的总排放量应大于启动分离器的设计产汽量。

9.1.5　过热器、再热器出口安全阀的排放量在总排放量中所占的比例应保证安全阀开启时，过热器、再热器能得到足够的冷却。

【解读】修订条文。

本次修订增加了 d）条对直流锅炉过热器安全阀的要求，根据如下：

直流蒸汽锅炉的过热器系统一般设有多个安全阀。为了保证安全阀启动时有足够的介质来冷却受热面，同时为了锅炉压力变化平缓，防止出现锅炉压力突变，各安全阀的整定压力值并不完全相同，有一个阶梯差值，在锅炉超压时能够按超压幅度顺序开启。为了保证过热器安全，过热器压力不得超过其工作压力的 1.1 倍。

近年来引进的欧洲、美国和日本产锅炉和按 ASME 技术生产的 A 级以上电站锅炉，锅炉制造单位按照 ASME 的有关规定在使用说明书中对安全阀的校验压力进行了规定，使用单位与检验单位一般都按照说明书的要求进行校验。

目前哈尔滨锅炉厂等制造厂按照 ASME 规范规定直流炉安全阀的整定压力为过热器出口压力最大值的 1.17 倍。

10.1.8 锅炉安全阀排放量的确定。

a）锅炉安全阀的排放量由制造单位提供；

b）锅炉安全阀的排放量按 GB/T 12241 或 JB/T 9624 规定计算；

c）锅炉安全阀的排放量按下式计算：

$$E=0.235A(10.2p+1)K \qquad (1)$$

式中：

E——安全阀的排放量，kg/h；

A——安全阀的排汽面积，mm^2；可用（$\pi d^2/4$）或安全阀制造单位所规定的面积；

d——安全阀的流道直径，mm；

p——安全阀进口处的蒸汽压力（表压），MPa；

K——安全阀进口处蒸汽比容的修正系数（蒸汽压力按安全阀整定压力计算），按下式计算：

$$K=K_pK_g \qquad (2)$$

式中：

K_p——压力修正系数；

K_g——过热修正系数；

K、K_p、K_g 按表 3 选用和计算。

表3　　　　安全阀进口处蒸汽比容修正系数

压力 p（MPa）	工质状态	K_p	K_g	$K=K_pK_g$
$p \leq 12$	饱和蒸汽	1	1	1
	过热蒸汽	1	$\sqrt{V_b/V_g}$	$\sqrt{V_b/V_g}$
$p > 12$	饱和蒸汽	$\sqrt{2.1/(10.2p+1)V_g}$	1	$\sqrt{2.1/(10.2p+1)V_g}$
	过热蒸汽		$\sqrt{V_b/V_g}$	$\sqrt{2.1/(10.2p+1)V_g}$

注：表中 $\sqrt{V_b/V_g}$ 也可用 $\sqrt{1000/(1000+2.7T_g)}$ 代替。

V_g—过热蒸汽比容，m³/kg；V_b—饱和蒸汽比容，m³/kg；T_g—过热度，℃。

旧版条文

9.1.5　过热器、再热器出口安全阀的排放量在总排放量中所占的比例应保证安全阀开启时，过热器、再热器能得到足够的冷却。

9.1.6　锅炉安全阀的排放量由制造厂提供。

当制造厂没有提供排放量资料时可参照下式计算

$$E=CA(10.2p+1)K$$

式中：

E——安全阀的排放量，kg/h；

p——安全阀入口处的蒸汽压力（表压），MPa；

A——安全阀的排汽面积，一般可用/4mm²，或安全阀制造厂所规定的面积；

K——安全阀进口处蒸汽比容的修正系数（蒸汽压力按安全阀起座压力计算），见表8；

C——安全阀的排汽常数，取 0.235。

蒸汽压力 p 及种类		K
$\leqslant 11.7\text{MPa}$	饱和蒸汽	1
	过热蒸汽	$\sqrt{V_b/V_g}$ 或 $\sqrt{1000/(1000+2.7T_g)}$
$>11.7\text{MPa}$	饱和蒸汽	$\sqrt{2.1/(10.2p+1)V_b}$
	过热蒸汽	$\sqrt{2.1/(10.2p+1)V_g}$

表 8　　　　　　蒸汽比容修正系数 K

注：V_g——过热蒸汽比容，m^3/kg；
V_b——饱和蒸汽比容，m^3/kg；
T_g——过热度，℃。

【解读】修订条文。

锅炉安全阀的排放量按照 GB/T 12241 或 JB/T 9624 规定计算。

表3所示安全阀进口处蒸汽比容修正系数为引用 TSG G0001—2012《锅炉安全技术监察规程》6.1.6 条表 6-1 的数据。

10.1.9　压力式除氧器应安装不少于 2 只安全阀，分别安装在除氧头和给水箱上。安全阀的总排放量应不小于除氧器最大进汽量。对于设计压力低于常用最大抽汽压力的定压运行除氧器，安全阀的总排放量应不小于除氧器额定进汽量的 2.5 倍。安全阀的公称直径宜不小于 150mm，除氧器安全阀的整定压力宜符合下列要求：
　　a）定压运行除氧器：1.25 倍～1.30 倍除氧器额定工作压力；
　　b）滑压运行除氧器：1.20 倍～1.25 倍除氧器额定工作压力。

9.1.7　压力式除氧器应采用全启式弹簧安全阀，且 〔旧版条文〕不少于两只，分别装在除氧头和给水箱上。安全阀的总排放量不应小于除氧器最大进汽量。对于设计压力低于常用最大抽汽压力的定压运行除氧器，安全阀的总排放量不应小于除氧器额定进汽量的 2.5 倍。安全阀的公称直径不宜小于 150mm。

除氧器上安全阀的起座压力，宜按下列要求调整和校验：
a）定压运行除氧器：1.25 倍～1.30 倍除氧器额定工作压力；
b）滑压运行除氧器：1.20 倍～1.25 倍除氧器额定工作压力。

【解读】原条文。

10.1.10 运行中工作压力可能超过其设计压力的各类压力容器应装设安全阀，高低压加热器的汽侧应装设安全阀，水侧宜装设安全阀。安全阀的整定压力不应大于压力容器的设计压力。安全阀的排放量应大于压力容器的安全泄放量，根据可能造成压力容器超压的条件，按照 GB 150 计算。

旧版条文

9.1.8 进水或进汽压力高于容器设计压力的各类压力容器应装设安全阀。安全阀的排放能力应大于容器的安全泄放量。安全阀的起座压力应小于或等于容器的设计压力。容器安全阀排放量应根据可能造成容器超压的条件，按劳动部《压力容器安全技术监察规程》的规定计算。
高低压加热器的水侧和汽侧都应装设安全阀。

【解读】修订条文。

将计算依据修改为 GB 150。

10.1.11 安全阀应铅直安装，引出管宜短而直。在安全阀与汽包、联箱之间不得装有阀门或取用蒸汽的引出管。蒸汽管道上的安全阀应布置在直管段上。

旧版条文

9.1.9 安全阀应铅直地安装。引出管宜短而直。在安全阀与汽包、联箱之间不得装有阀门或取用蒸汽的引出管。蒸汽管道上的安全阀应布置在直管段上。

【解读】修订条文。

安全阀座装在汽包、联箱的最高位置，而且应铅直安装。铅直安装是指安全阀的阀杆与水平面垂直，而不是与阀座的法兰垂直。如安全阀阀杆未与水平面垂直，阀杆等的重力将形成与阀杆垂直的附加力，可能影响到安全阀正常开启。

如从安全阀与汽包、联箱连接的短管上取用蒸汽，将会降低安全阀入口侧的蒸汽压力，影响安全阀的正常开启。

在安全阀与汽包、联箱连接短管上不允许安装阀门，是为了防止在锅炉运行中误将阀门关闭，使锅炉在相当于无安全阀的情况下运行。

10.1.12　如多个安全阀共同装设在一根总管上，总管的流通面积应大于与其相连的所有安全阀流道面积之和的 1.25 倍，安全阀动作时首先起座的应为沿汽流方向的最后一只。

> **旧版条文**
>
> 9.1.10　几个安全阀如共同装设在一个与汽包或联箱直通的总管上时，则此短管流通面积应大于与其相连的所有安全阀最小流通截面总和的 1.25 倍。首先起座的应为沿汽流方向的最后一只。

【解读】原条文。

10.1.13　安全阀应装设通到室外的排汽管，每只安全阀宜单独设置，应符合下列要求：

　　a）排汽管应取直；

　　b）排汽管或集水盘应有疏水管；

　　c）排汽管和疏水管上不允许装设阀门等隔离装置；

　　d）排汽管的固定方式应避免由于热膨胀或排汽反作用力而影响安全阀的正常动作，且不应使来自排汽管的外力施加到安全阀上；

e）消音器应有足够的排放面积和扩容空间，不应堵塞、积水和结冰；

f）由于排汽管露天布置而影响安全阀正常动作时，应加装防护罩，防护罩的安装不应影响安全阀的正常动作和检修。

旧版条文

9.1.11 安全阀应装设通到室外的排汽管，该排汽管应尽可能取直。每只安全阀宜单独使用一根排汽管。排汽管上不应装设阀门等隔离装置。排汽管底部应有接到安全地点的疏水管，疏水管上不允许装设阀门。

排汽管的固定方式应避免由于热膨胀或排汽反作用而影响安全阀的正确动作。无论冷态或热态都不得有任何来自排汽管的外力施加到安全阀上。

排汽管上装有消声器时，消声器应有足够的排放面积和扩容空间，并固定牢固。应注意检查消声器堵塞、积水、结冰。排汽管和消声器均需有足够的强度。

【解读】修订条文。

10.1.14 对安全阀应采取下列保护措施：

a）弹簧式安全阀应有控制拧动调整螺丝的装置。

b）脉冲式安全阀接入冲量的导管应保温。导管上的阀门全开后，以及脉冲管上的疏水阀门开度经调整后，应有防止误开和误闭的措施。

c）有防止人员烫伤的防护装置。

旧版条文

9.1.12 安全阀上应配有下列装置：

a）杠杆式安全阀应有防止重锤自行移动的装置和限制杠杆越位的导架。

b）弹簧式安全阀要有防止随便拧动调整螺丝的装置。

c）脉冲式安全阀接入冲量的导管应保温。导管上的阀门全

> 开后，以及脉冲管上的疏水阀门开度经调整以后，都应有防止误开（闭）的措施。导管内径不得小于 15mm。
>
> d）压缩空气控制的气室式安全阀必须配备可靠的除油、除湿供气系统及可靠的气阀控制电源，确保正常连续地供给压缩空气。
>
> e）安全阀应有防止人员烫伤的防护装置。

【解读】修订条文。

10.1.15 锅炉安全阀宜每两年解体检查一次，最长不应超过 A 级检修期。新安装的安全阀或安全阀解体检修后，应校验其整定压力。安全阀应使用安全阀在线定压仪进行校验调整。校验调整可以在机组启动或带负荷运行的过程中（宜在 75%～80%额定压力下）进行。使用安全阀在线定压仪应采取必要的技术措施，整定压力误差应在表 2 允许偏差范围，可以不做升压实跳试验。

> **旧版条文**
>
> **9.1.13** 锅炉安装和大修完毕及安全阀经检修后，都应校验安全阀的起座压力。带电磁力辅助操作机构的电磁安全阀，除进行机械校验外，还应做电气回路的远方操作试验及自动回路压力继电器的操作试验。
>
> 纯机械弹簧式安全阀可采用液压装置进行校验调整，一般在 75%～80%额定压力下进行。经液压装置调整后的安全阀，应至少对最低起座值的安全阀进行实际起座复核。

【解读】修订条文。

部分锅炉安全阀厂家要求每年都对锅炉安全阀进行解体，清洗检查阀瓣等各零部件，发现阀瓣和阀座密封面、导向零件、弹簧、阀杆有损伤、锈蚀、变形等缺陷时，进行修理或者更换。对于阀体有裂纹、阀瓣与阀座粘死、弹簧严重腐蚀变形、部件破损严重并且无法维修的安全阀应该予以报废。

新增锅炉安全阀宜每两年解体检查一次，最长不应超过A级检修期，这是根据A级检修期一般为4~6年制定的。考虑到目前火力发电厂安全阀问题较多，安全阀解体时间间隔不宜太长，最大时间间隔不应超过6年。同时，发电企业应根据锅炉安全阀的具体情况确定合适的解体时间。

锅炉安全阀的在线校验应在蒸汽系统运行状态下进行，且宜在75%~80%额定压力下进行，如此可以满足安全阀在线校验技术测量整定压力误差精度的要求。

使用的安全阀在线定压仪应满足压力、提升外力、密封面积测量准确，弹簧刚度判断准确等技术要求，所配的提升传感器和压力传感器需经过计量检定。安全阀校验的整定压力误差在表2允许偏差范围的，可以不做升压实跳试验。

10.1.16 锅炉安全阀排汽试验应每年进行一次。使用安全阀在线定压仪进行在线校验可代替安全阀在运行中的排汽试验。

10.1.17 电磁安全阀和动力驱动泄放阀电气热工回路试验应每季度进行一次。

> **旧版条文**
>
> **9.1.14** 安全阀应定期进行放汽试验。锅炉安全阀的试验间隔不大于一个小修间隔。电磁安全阀电气回路试验每月应进行一次。各类压力容器的安全阀每年至少进行一次放汽试验。

【解读】修订条文。

DL/T 959—2014《电站锅炉安全阀技术规程》8.4.6条规定："使用安全阀在线定压仪在线校验可作为安全阀在运行中排汽试验"。目前发电行业使用串联式安全阀在线定压仪器进行锅炉安全阀和介质为蒸汽的压力容器安全阀在线校验时需要安全阀排汽，能够同时满足安全阀排汽试验的两个要求：一是确定了安全阀能够动作，二是吹扫掉安全阀阀座密封面的杂质，与手动排汽方式比，即安全又节能。

目前锅炉安装的电磁安全阀和动力驱动泄放阀的产品质量和电气热工技术相比二十年前都有了质的飞跃，电气回路试验已没有"每月一次"的必要，因此本规程将电气热工回路试验周期由"每月"修订为"每季度"。

特别需要强调是此处规定的是"电气热工回路试验"，而不是电磁安全阀和动力驱动泄放阀的"实际动作"，试验之前要做好电磁安全阀和动力驱动泄放阀的隔离措施。

10.1.18 安全阀校验后，其整定压力应符合规定，并将检验结果记录在锅炉技术档案或压力容器技术档案中。

> **旧版条文**
>
> **9.1.15** 安全阀校验后，其起座压力、回座压力、阀瓣开启高度应符合规定，并在锅炉技术登录簿或压力容器技术档案中记录。

【解读】修订条文。

10.1.19 严禁将运行中的安全阀解列、任意提高安全阀的整定压力或者使安全阀失效。

10.1.20 安全阀未经校验的锅炉在点火启动时或在安全阀校验过程中应有严格的防止超压措施，并有专人监督。安全阀校验过程中，校验人员不得中途撤离现场。

【解读】新增条文。

10.2 压力测量装置

10.2.1 每台锅炉应至少安装下列压力测量装置，其精度和校验间隔应符合国家计量法和有关规定：

a) 汽包压力，除汽包就地压力表外，应至少设置三套远传的

汽包压力测量装置,用于汽包水位的补偿及监视、记录;

  b) 给水调节阀前、后压力;

  c) 过热器出口压力;

  d) 再热器进、出口压力;

  e) 直流锅炉启动分离器压力;

  f) 直流锅炉蒸发受热面出口截断阀前压力;

  g) 燃油管道进油、回油压力;

  h) 燃气锅炉进气压力;

  i) 强制循环锅炉炉水循环泵进出口差压;

  j) 采用气室式安全阀的锅炉应有控制用压缩空气气源的压力;

  k) 炉膛压力,除正常的压力变送器、压力开关外,应至少设置两套能够覆盖"炉膛压力高、低MFT(总燃料跳闸)动作"的大量程远传测量装置,用于对炉膛压力变化的最大值进行记录与监视;

  l) 采用压缩空气实施操作控制的锅炉应有空气气源压力;

  m) 火焰监视装置冷却风压力。

旧版条文

9.2 压力测量装置

9.2.1 每台锅炉至少装有下列压力测量装置,其精度和校验间隔应符合国家计量法和有关规定:

  a) 汽包压力指示表,包括启动压力表;

  b) 给水调节阀前、后压力;

  c) 过热器进、出口压力;

  d) 再热器进、出口压力;

  e) 直流锅炉启动分离器压力;

  f) 直流锅炉蒸发受热面出口截断阀前压力;

  g) 燃油锅炉进油、回油压力;

  h) 燃气锅炉进气压力;

  i) 强制循环锅炉锅水循环泵进出口差压;

  j) 采用气室式安全阀的锅炉应有控制用压缩空气气源的

压力；

　　k）炉膛负压或压力（有条件时宜装大量程记录表）；

　　l）采用压缩空气实施操作控制的锅炉应有空气气源压力。

【解读】修订条文。

增加了 m）火焰监视装置冷却风压力。在 DL/T 5428 和 DL/T 1091 中，关于总燃料跳闸条件：煤粉锅炉火检冷却风消失，应发出 MFT（总燃料跳闸）指令，因此增加该条。

10.2.2　压力表的选用和校验应符合下列规定：

　　a）压力表装用前应作校验，并在刻度盘上划出明显标记，指示该测压点允许的最高工作压力；

　　b）压力表精度不低于 1.6 级；

　　c）压力表盘面刻度极限值应为额定工作压力值的 1.5 倍。

旧版条文

9.2.3　压力表的选用和校验应符合下列规定：

　　a）压力表装用前应作校验，并在刻度盘上划出明显标记，指示该测压点允许的最高工作压力；

　　b）工作压力小于 2.45MPa 时，压力表精度不低于 2.5 级；

　　c）工作压力等于或大于 2.45MPa 时，压力表精度不低于 1.5 级；

　　d）压力表盘面刻度极限值为正常指示值的 1.5 倍～2.0 倍；

　　e）压力表刻度应考虑传压管液柱高度的修正值；

　　f）压力表校验工作结合大、小修进行，校验后铅封；

　　g）弹簧压力表应有存水弯管，存水弯管内径不应小于 10mm，压力表与存水弯管之间应装有阀门或旋塞。

【解读】修订条文。

将原规程中"b）工作压力小于 2.45MPa 时，压力表精度不低于 2.5 级；c）工作压力等于或大于 2.45MPa 时，压力表精度不低于 1.5 级；"改为"压力表精度不低于 1.6 级"，理由是：①压力表制造水平能够满足精度要求；②按新的压力表等级分级已经将 1.5 级改为 1.6 级。因此对压力表精度等级要求统一为不低于 1.6 级。

将原规程"d）压力表盘面刻度极限值为正常指示值的 1.5 倍～2.0 倍;"改为"压力表盘面刻度极限值应为额定工作压力值的 1.5 倍"。因为压力表选型的最佳量程是 1.5 倍的额定工作压力值，除非特殊要求。

删除了原规程的 e）、f）、g）条。这几条在其他相应规程中有明确要求，本规程不再赘述。

10.2.3 压力测点的选择和安装应符合 DL 5190.4 的规定。

> 旧版条文
>
> **9.2.4** 压力表装置地点应符合下列要求：
>
> a）便于观察；
>
> b）采光或照明良好；
>
> c）不受高温影响，无冰冻可能，便于冲洗，尽量避免振动。
>
> **9.2.5** 锅炉炉膛负压测孔一般布置在炉顶下 2m～3m 处。避免在炉膛高热负荷区或气流强烈扰动区域布置炉膛负压测孔。

【解读】修订条文。

规程 DL 5190.4 中对压力测点的选择和安装有详细的规定。此次修订，将原规程的 9.2.4、9.2.5 条修改为：压力测点的选择和安装应符合 DL 5190.4 的规定。

10.2.4 弹簧压力表有下列情况之一时，禁止使用：

a）有限止钉的压力表，无压力时指针移动后不能回到限止钉时；无限止钉的压力表，无压力时指针离零位的数值超过压力表规定的允许误差量。

b）表面玻璃破碎或表盘刻度模糊不清。

c）封印损坏或超过校验有效期限。

d）表内泄漏或指针跳动。

e）其他影响正确指示压力的缺陷。

f）经检定后测量误差超过表计精度要求。

g）表计刻度盘上未采用红线明显标识压力上下限量程。

> **旧版条文**
>
> 9.2.6 弹簧压力表有下列情况之一者，禁止使用：
>
> a）有限止钉的压力表，无压力时指针移动后不能回到限止钉时；无限止钉的压力表，无压力时指针离零位的数值超过压力表规定的允许误差量；
>
> b）表面玻璃破碎或表盘刻度模糊不清；
>
> c）封印损坏或超过校验有效期限；
>
> d）表内泄漏或指针跳动；
>
> e）其他影响正确指示压力的缺陷。

【解读】修订条文。

增加了 f)、g）条。

10.2.5 锅炉、压力容器运行时，禁止任意关闭、切换压力取样管上的截止阀、旋塞。

10.2.6 各类压力容器都应装设压力测量装置。

> **旧版条文**
>
> 9.2.7 锅炉、压力容器运行时，禁止任意关闭、切换压力表管上的截止阀、旋塞。
>
> 9.2.2 各类压力容器都应装设压力表。

【解读】原条文。调整了顺序。

10.3 水位测量系统

10.3.1 每台亚临界汽包锅炉应配置 2 套彼此独立的直读式水位计、

1 套电极式水位测量装置和 6 套差压式水位测量装置，并应符合下列要求：

    a）差压式水位测量监视装置应具有压力补偿功能，以保证各种工况下都能显示汽包中真实水位的变化。

    b）电极式水位测量监视装置的盲区不大于 50mm。

    c）控制室内应有图像清晰的汽包就地水位计工业电视监视装置，其零水位线低于汽包内零水位线，差值由汽包额定工作压力确定。

    d）差压式水位测量装置应设有汽包水位的高低报警值及相应的声光报警；电极式汽包水位监视装置中应有明确的报警显示。

    e）汽包水位测量装置必须定期核对，以便及时发现并处理水位表的缺陷。

    f）汽包锅炉在启动调试时应进行水位标定试验，以确定就地水位表的基准零位。

10.3.2   分段蒸发的锅炉每一蒸发段至少应装设一只直读式水位表。

10.3.3   直流锅炉启动分离器、除氧器、连排疏水扩容器、高低压加热器都应装设水位测量系统。

10.3.4   汽包水位测量系统应符合下列要求：

    a）各差压测量系统信号取样点应相互独立，不允许两个及以上差压测量装置共用同一取样点；

    b）汽包水位计水侧取样孔位置应低于汽包水位保护中低水位停炉动作值；

    c）汽包水位保护与汽包水位调节所用差压测量系统应分别设置，6 套差压式水位测量系统中，3 套用于汽包水位调节，3 套用于汽包水位保护；

    d）6 套差压式水位测量系统在汽包上的分布应为：汽包左侧、右侧及汽包中间各 2 套。

10.3.5   汽、水连接管接出位置与引出方式不应影响汽包水位的正确指示，能正确反映汽包的真实水位，并应符合 DL/T 1393 的规定。

10.3.6 水位表的结构应符合下列要求：

a）两个及以上玻璃板或云母片组成一组的水位表，能连续显示水位；

b）放水旋塞或阀门和接到安全地点的放水管，旋塞的内径应大于 8mm；

c）有可靠的安全保护装置，如保护罩、快关阀、自动闭锁珠等，防护装置不得妨碍水位的观察，并能在水位表损坏时保护人身安全；

d）水位表的可见范围应大于最高、最低安全水位。

旧版条文

9.3 水位表

9.3.1 每台蒸汽锅炉至少应装两只彼此独立的就地水位表和两只远传水位表，其中一只应为无电源机械表。分段蒸发的锅炉每一蒸发段至少应装一只就地水位表。

直流锅炉启动分离器、除氧器和高低压加热器都应装设水位表。

9.3.2 锅炉汽包水位表的汽、水连接管接出点的数量应满足水位监视、给水自动控制的需要。远传水位表和就地水位表应分别与汽包连接。

9.3.3 汽、水连接管接出位置与引出方式不应影响汽包水位的正确指示，能正确反映汽包的真实水位。

汽水连接管内径应不小于 25mm，当管长大于 500mm 或管弯曲时，其内径应不小于 50mm，以防形成假水位。

汽连接管应向水位表方向倾斜，水连接管应向汽包方向倾斜。汽、水连接管均应保温。

9.3.4 就地水位表的结构应满足下列要求：

a）有良好照明及事故照明；

b）能在运行中冲洗和更换玻璃板、石英管、云母片等；

c）用两个及两个以上玻璃板或云母片组成一组的水位表，能连续显示水位；

d）有放水旋塞（或阀门）和接到安全地点的放水管，旋塞

的内径不小于 8mm;

e）有可靠的安全保护装置，如保护罩、快关阀、自动闭锁珠等；防护装置不得妨碍水位的观察，并能在水位表损坏时保护人身安全；

f）水位表的可见范围应大于最高、最低安全水位。

9.3.5　控制室内至少装两个可靠的远传水位表，每个远传水位表在运行规程规定的最低、最高安全水位刻度处应有明显的标记。

差压式远传水位表应具有压力补偿功能，以保证各种工况下都能显示汽包中真实水位的变化。远传水位表必须定期核对，以便及时发现并处理水位表的缺陷。

亚临界压力的汽包锅炉在启动调试时应进行水位标定试验，以确定就地水位表的基准零位。

【解读】修订条文。

水位测量包括仪表和取样装置（取样管及平衡容器等），因此将原规程的"水位表"，修改为"水位测量系统"。

原规程水位表部分已经不能满足当前要求。新规程中水位测量系统条款基本参照 DL/T 1393—2014《火力发电厂锅炉汽包水位测量系统技术规程》制定。

10.4　温度测量仪表

10.4.1　每台锅炉应至少装有下列温度测量仪表,其精度和校验间隔应符合国家计量法和有关规定：

a）过热器出口汽温；

b）再热器各级进、出口汽温；

c）减温器前、后汽温；

d）给水温度；

e）汽包壁上、下温度；

　　f）再热器入口烟温；

　　g）排烟温度；

　　h）直流锅炉中间点、混合器前导管、每级混合器、每屏出口导管的温度；

　　i）过热器、再热器金属壁温；

　　j）省煤器出口水温，可以用就地表计；

　　k）超（超）临界锅炉，应增加锅炉受热面管的壁温测点，测点布置要覆盖不同材料、不同规格。

10.4.2 温度测量系统应符合下列要求：

　　a）温度测量用保护套管，安装前应对不同批次的套管随机抽样进行金属检验，确认所用材质与设计材质一致，并且没有裂纹；

　　b）直插式热电偶热电阻的保护套管，插入深度应符合 DL 5190.4 的规定；

　　c）当在同一位置安装压力测点和温度测点时，应按介质流向，将压力测点安装在前，温度测点安装在后；

　　d）热电阻温度测量应采用标准三线制或四线制，热电偶温度测量应具有准确的冷端补偿；

　　e）应具有温度超限报警及温度变化速率超限报警。

> 旧版条文
>
> ## 9.4　温度测量仪表
>
> **9.4.1** 每台锅炉至少应装有下列温度测量仪表，其精度和校验间隔应符合国家计量法和有关规定：
>
> 　　a）过热器出口汽温；
>
> 　　b）再热器进、出口汽温；
>
> 　　c）减温器前、后汽温；
>
> 　　d）给水温度；
>
> 　　e）汽包壁上、下温度；
>
> 　　f）再热器入口烟温；
>
> 　　g）燃油锅炉炉前燃油温度；
>
> 　　h）排烟温度；

>   i）直流锅炉中间点、中间、混合器前导管、每级混合器、每屏出口导管的温度；
>   j）过热器、再热器蛇形管金属壁温；
>   k）省煤器出口水温（可以用就地表计）。
>
> **9.4.2** 额定蒸汽温度等于或大于 450℃的锅炉，应装设蒸汽温度记录仪表，并配有汽温高低警报。

【**解读**】修订条文。

目前已无燃油锅炉，因此取消了"燃油锅炉炉前燃油温度"。由于超（超）临界锅炉爆管情况时有发生，为了更好监视锅炉受热面管的壁温变化，预防超温，此次修订增加了"超（超）临界锅炉，应增加锅炉受热面管的壁温测点，测点布置要覆盖不同材料、不同规格"的规定。

10.5 其他测量装置

10.5.1 锅炉应装设给水流量、蒸汽流量和减温水流量测量装置。流量测量装置中直管段长度应符合 DL 5190.4 的规定。

> **旧版条文**
>
> **9.5.1** 额定蒸发量大于 75t/h 的锅炉，应装设给水流量、蒸汽流量、汽包水位记录和过热蒸汽压力记录表。对于额定蒸发量大于 220t/h 的锅炉还应装设减温水流量表。

【**解读**】修订条文。

本规程第 1 章明确了适用范围。因此在本规程适用范围内的发电蒸汽锅炉应按 10.5.1 条执行，其他发电用蒸汽锅炉参照执行。发电厂控制系统已经能够将所有参数接入系统中，并能记录和保存，所以不再对参数记录重复强调。

10.5.2 火室燃烧锅炉应配备炉膛火焰监视装置，并应符合下列要求：

a）容量为 670t/h 及以下的锅炉可采用全炉膛火焰监视，容量为 1000t/h 及以上的锅炉应采用单个燃烧器火焰监视；

b）火焰检测器对燃烧器的视角应符合设计要求，经现场试验确定，并对视角有效角度范围进行校核；

c）火焰检测器应分别设有燃油火焰检测和煤粉火焰检测，并且不应相互窥视。

> **9.5.2** 火室燃烧锅炉，除运行人员在操作盘前能清晰地看到炉膛内燃烧的火焰外，都应配备炉膛火焰监视装置。燃用煤粉的火室燃烧锅炉一般应装有入炉风量表。 旧版条文

【解读】修订条文。

相对原规程增加了 a）、b）、c）三条要求，进一步明确和细化。

10.6 锅炉热工控制系统及热工保护系统

> **9.6** 锅炉自动调节及保护装置 旧版条文

【解读】修订条文。

将"锅炉自动调节及保护装置"修改为"锅炉热工控制系统及热工保护系统"，这样使得各规程之间说法统一。

10.6.1 锅炉应至少设有下列自动调节系统：

a）汽包锅炉汽包水位自动调节；

b）主蒸汽温度自动调节；

c）再热汽温度自动调节；

d）主汽压力自动调节；

e）燃料量自动调节；

f）风量自动调节；

g）炉膛压力自动调节；

h）一次风压自动调节；

i）直流炉中间点温度自动调节；

j）循环流化床锅炉床温及床压自动调节；

k）磨煤机温度及一次风量调节；

l）机炉协调控制。

9.6.1 每台锅炉都应有给水自动调节装置。额定蒸 ▐旧版条文
发量220t/h 及以上的锅炉，还应设有燃烧、送风、炉膛负压、
过热蒸汽温度及再热蒸汽温度的自动调节装置。200MW 及以
上的单元机组，应采用机炉协调控制方式进行负荷调节。

【解读】修订条文。

本规程适用范围为 9.8MPa 发电用蒸汽锅炉，因此将原条款修
改为本条。

10.6.2 锅炉应至少设有下列安全保护功能及装置：

a）炉膛压力保护；

b）全炉膛灭火保护；

c）再热器保护；

d）汽包锅炉汽包水位保护及直流炉断水保护；

e）MFT（总燃料跳闸）及炉膛吹扫控制；

f）饱和蒸汽压力、过热蒸汽压力及再热蒸汽压力保护；

g）磨煤机、给煤机、送引风机等重要辅机保护；

h）RB（辅机故障减负荷）功能。

9.6.2 锅炉应有整套的监视系统。 ▐旧版条文

200MW 机组宜采用微处理机作巡回检测和数据处理。

300MW 及以上机组宜采用小型计算机对机组的启动和安
全经济运行的有关主要参数进行巡回检测、数据处理、事故追
忆、屏幕显示、工况计算、报警和制表等。

【解读】修订条文。

本规程适用范围为 9.8MPa 发电用蒸汽锅炉，因此将原条款修改为本条。原条款的各项功能是目前控制系统的基本功能。

10.6.3　汽包锅炉应设缺水、满水保护，并应符合下列要求：

a）采用三个取样彼此独立的差压式水位测量信号作为保护用信号。

b）差压式水位测量信号必须经汽包压力补偿。

c）汽包水位高一值时，发出报警。

d）汽包水位高二值时，连锁打开汽包事故放水电动门；当汽包水位回落到正常值时，连锁关闭汽包事故放水电动门。

e）当汽包水位高、低三值时，触发锅炉 MFT 动作，实现自动紧急停炉。

f）当汽包安全门动作时，应自动闭锁汽包事故放水电动门的连锁开启功能，对已处于开启状态的汽包事故放水电动门，应连锁自动关闭。

g）汽包水位保护中水位高低三值后的延时时间，最长不得超过 3s。

9.6.3　汽包锅炉应设缺水、满水保护。　　　　　旧版条文

【解读】修订条文。

增加了水位测量及保护的具体要求。与其他规程中对水位保护的要求相一致。

10.6.4　直流锅炉应有中间点温度高警报和断水保护装置。任何情况下当给水流量低于启动流量时应发出警报，锅炉进入纯直流运行状态后，中间点温度超过允许值时应发警报。给水断水时间超过制造厂规定的时间时应自动切断送入炉膛的一切燃料。

10.6.5 直流锅炉水冷壁宜设超压保护装置。

9.6.4 直流锅炉应有中间点温度高警报和断水保护
装置。任何情况下当给水流量低于启动流量时应发出警报,锅
炉进入纯直流运行状态后,中间点温度超过允许值时应发警报。
给水断水时间超过制造厂规定的时间时应自动切断送入炉膛的
一切燃料。

9.6.5 直流锅炉水冷壁宜设超压保护装置。

旧版条文

【解读】原条文。

10.6.6 锅炉应配备下列总燃料跳闸保护:
   a) 全炉膛火焰消失;
   b) 全部燃料丧失;
   c) 手动紧急停炉;
   d) 炉膛压力高;
   e) 炉膛压力低;
   f) 总风量低、送风机全停、引风机全停、一次风机全停(燃煤工况下);
   g) 单元制机组且未设置旁路备用的机组汽轮机跳闸;
   h) FSSS(炉膛安全监控系统)控制器失电;
   i) 火检冷却风丧失;
   j) 强制循环锅炉炉膛循环泵前后差压低;
   k) 循环流化床锅炉床温过高或出口烟气温度过高;
   l) 循环流化床锅炉床温低于主燃料允许投入温度且启动燃烧器火焰未确认;
   m) 直流锅炉给水流量过低或给水泵全停(直流炉断水)等。

10.6.7 MFT(总燃料跳闸)发生后,应立即切断所有磨煤机、给煤机、一次风机、排粉机、给粉机、给粉电源、燃油速断阀、各油燃烧器油阀、各经减温水截止阀及调节阀等。

10.6.8 火室燃烧锅炉应有锅炉停炉连锁保护功能，并应符合 DL/T 5428 的规定。

10.6.9 额定蒸发量 670t/h 及以上锅炉应配有炉膛安全监控装置，应至少具有下列功能：

  a）检测燃烧器或炉膛火焰；

  b）防止炉膛内爆或外爆；

  c）进行炉膛的吹扫。

旧版条文

9.6.6 额定蒸发量 120t/h 及以上的火室燃烧锅炉应装设炉膛压力保护装置，炉膛压力越限时主燃料跳闸。对于额定蒸发量 400t/h 及以上锅炉，在炉膛灭火、保护动作后，应闭锁一切燃料，并实现对炉膛的清扫。

9.6.7 火室燃烧锅炉应装有下列功能的联锁装置：

  a）全部吸风机跳闸时，自动切除全部送风机、一次风机、磨煤机、给煤机、给粉机；

  b）全部送风机跳闸时，自动切断全部一次风机、磨煤机、给煤机、给粉机；

  c）直吹式制粉系统一次风机全部跳闸时，自动切除全部磨煤机、给煤机，切断送入炉膛的一切燃料；

  d）燃油、燃气锅炉的燃油、燃气压力及其雾化工质压力低于规定值时，自动切断油、气。

9.6.8 额定蒸发量 670t/h 及以上锅炉应配有炉膛安全监控装置，至少具有以下功能：检测燃烧器或炉膛火焰；防止炉膛内爆或外爆；进行炉膛的吹扫等。

9.6.9 额定蒸发量 670t/h 及以上锅炉应装设事故停炉保护。当跳闸条件出现时，保护系统能自动切断进入炉膛的一切燃料。跳闸条件应符合锅炉的技术规定，至少应包括炉膛灭火、炉膛正压过大或负压过大、燃料中断、锅水循环泵全部故障、汽包水位过高或过低、直流锅炉断水、炉膛通风中断等。

【解读】修订条文。

本规程适用范围为 9.8MPa 发电用蒸汽锅炉，因此将原条款 9.6.6 至 9.6.9 条修改为 10.6.6 至 10.6.9 条，内容包括原条款内容，并且符合目前控制系统的现状，以及对锅炉安全的要求。

10.6.10 锅炉再热器应具备下列保护功能及装置：

a）再热器出口汽温达到最高允许值时，自动投入事故喷水；

b）再热器汽流中断时，应自动打开蒸汽旁路，自动降低锅炉燃烧率或自动采取其他措施，以保证再热器金属壁温不超过最高允许温度。

10.6.11 强制循环锅炉应有下列连锁和保护装置：

a）锅水循环泵进出口差压保护；

b）电动机内部水温高保护；

c）锅水循环泵出口阀与泵的连锁装置。

旧版条文

9.6.10 锅炉再热器应具备下列功能的保护装置：

a）再热器出口汽温达到最高允许值时，自动投入事故喷水；

b）锅炉再热器汽流中断时，应自动打开蒸汽旁路，自动降低锅炉燃烧率或自动采取其他措施，以保证再热器金属壁温不超过最高许用温度。

9.6.11 强制循环锅炉应有下列联锁和保护装置：

a）锅水循环泵进出口差压保护；

b）电动机内部水温高保护；

c）锅水循环泵出口阀与泵的联锁装置。

【解读】原条文。

10.6.12 高压加热器应有高水位保护，除氧器应有压力高、水位高保护。

旧版条文

9.6.12 高压加热器应有高水位保护，水位过高时，能自动开启危急疏水门放水，并切断加热器给水，但不能导致锅炉断水。

除氧器应有压力高、水位高保护。

【解读】修订条文。

10.6.13 热工自动化系统维护和检查，不应影响热工自动化系统整体的可靠性。锅炉炉膛安全保护系统应采用独立的控制器，不得与其他控制系统共用同一控制器。MFT（总燃料跳闸）继电器柜宜采用带电跳闸方式，FSSS（炉膛安全监控系统）控制逻辑中 MFT（总燃料跳闸）控制命令宜采用失电跳闸方式。

旧版条文

9.6.13 控制保护系统功能的在线维护和检查，不应影响控制保护整体的可靠性。强制性主燃料跳闸的检测元件和线路，应与其他控制监视系统分开。联锁、保护系统应有防止电源中断或恢复时出现误动作的措施。

【解读】修订条文。

原条款是针对当时分立元件的控制系统而言，目前的控制系统是以计算机为基础的控制系统，因此对系统的可靠性要求不同。

10.6.14 锅炉操作盘上应设有必要的声、光报警信号，如火焰显示、水位、压力、温度高低以及各种保护装置动作等。

10.6.15 循环流化床锅炉，除水位控制等常规装置外，其他监控、保护、连锁装置的设置由设计单位确定。

旧版条文

9.6.14 锅炉操作盘上应设有必要的声、光报警信号，如火焰显示、水位、压力、温度高低以及各种保护装置动作等。

9.6.15 循环流化床锅炉，除水位控制等常规装置外，其他监控、保护、联锁装置，根据设备特点及其特殊要求，由设计单位确定。

【解读】原条文。

11 锅炉化学监督

11.1 基本要求

11.1.1 锅炉应防止水汽系统和受压元件的腐蚀、结垢和积盐，保证锅炉安全经济运行。锅炉的水汽品质应按 GB/T 12145 和 DL/T 561 的规定执行。

11.1.2 锅炉制造厂供应的管束、管材和部件、设备均应经过清扫，管子和管束及部件内部不允许有存水、泥污和明显的腐蚀现象，其开口处应用牢固的罩子封好，在施工前方允许开启。重要部件和管束，应采取充氮、气相缓蚀剂等保护措施。安装单位应按 DL/T 855 的规定进行验收和保管。锅炉正式投入生产前应做好停用保护和化学清洗、蒸汽吹扫等工作。

11.1.3 汽包内部汽水分离装置和清洗装置出厂前应妥善包装、保管和防护，并应采取措施，防止运输途中碰撞变形或遭雨淋而发生腐蚀。

旧版条文

10.1 锅炉化学监督的任务是：防止水汽系统和受压元件的腐蚀、结垢和积盐，保证锅炉安全经济运行。锅炉的水汽品质应按 GB 12145《火力发电机组及蒸汽动力设备水汽质量标准》和 DL/T 561《火力发电厂水汽化学监督导则》的规定执行。

10.2 锅炉制造厂供应的管束、管材和部件、设备均应经过严格的清扫，管子和管束及部件内部不允许有存水、泥污和明显的腐蚀现象，其开口处均应用牢固的罩子封好。重要部件和管

束,应采取充氮、气相缓蚀剂等保护措施。安装单位应按 SDJ 68
《电力基本建设火电设备维护保管规程》的规定进行验收和保
管。锅炉正式投入生产前应做好停用保护和化学清洗、蒸汽吹
扫等工作。

管材、管束及设备部件封闭的密封罩,在施工前方允许
开启。

10.3 汽包内部汽水分离装置和清洗装置出厂前应妥善包装、
保管和防护,并应采取措施,防止运输途中碰撞变形或遭雨淋
而发生腐蚀。

【解读】修订条文。

按标准格式要求,将原规程中引用标准的名称去掉,只保留标
准号。

以新标准 DL/T 855 替代 SDJ 68。

11.2 水压试验及锅炉启动水质要求

11.2.1 锅炉部件制造完毕进行水压试验后,应将存水排净、吹干,
并采取防腐措施。

11.2.2 禁止锅炉上质量不符合标准要求的水。不具备可靠化学水处
理条件时,禁止锅炉启动。

11.2.3 锅炉整体水压试验时,应采用除盐水。除盐水应加有一定剂
量的氨,调节 pH 值至 10.5 以上。过热器、再热器溢出液中的氯离
子含量应小于 0.2mg/L。

旧版条文

10.4 锅炉部件制造完毕进行水压试验后,应将存水
排净、吹干,并采取防腐措施。

10.5 禁止锅炉上质量不符合标准要求的水。不具备可靠化学
水处理条件时,禁止锅炉启动。

10.6 额定蒸汽压力为 9.8MPa 以上锅炉整体水压试验时,应采

用除盐水。水质应满足下列要求：

  a）氯离子含量小于 0.2mg/L；

  b）联氨或丙酮肟含量为 200mg/L～300mg/L；

  c）pH 值为 10～10.5（用氨水调节）。

【解读】修订条文。

将原规程要求水压用水 pH10～10.5 修改为"锅炉整体水压试验时，应采用除盐水。除盐水应加有一定剂量的氨，调节 pH 值至 10.5 以上"。

删除原规程中加入联氨或丙酮肟的要求。

11.3 化学清洗

11.3.1 新建锅炉应进行化学清洗，清洗按 DL/T 889 和 DL/T 794 的规定执行。

11.3.2 过热器整体清洗时，应有防止垂直蛇形管产生汽塞、铁氧化物沉淀和奥氏体钢腐蚀的措施。未经清洗的过热器、再热器应进行蒸汽吹洗，按 DL/T 1269 执行。

11.3.3 锅炉经化学清洗后，应进行冷态冲洗和热态冲洗。

11.3.4 新建锅炉化学清洗后，应缩短至锅炉点火的间隔时间，不宜超过 20 天，否则应按照 DL/T 794 的要求采取防锈蚀措施。

11.3.5 受热面管子应定期割管检查其内壁的腐蚀、结垢、积盐情况，按规定进行锅炉化学清洗。在役锅炉化学清洗按 DL/T 794 规定执行。

旧版条文

10.7 新装的锅炉应进行化学清洗，清洗的范围按 SDJJS03《电力基本建设热力设备化学监督导则》的规定执行。

过热器整体清洗时，应有防止垂直蛇形管产生汽塞、铁氧化物沉淀和奥氏体钢腐蚀的措施。未经清洗的过热器、再热器应进行蒸汽加氧吹洗。

锅炉经化学清洗后，一般还应进行冷态冲洗和热态冲洗。

新建锅炉化学清洗后即应采取防腐措施，并尽可能缩短至锅炉点火的间隔时间，一般不应超过20天。

10.13 运行锅炉化学清洗按 SD135《火力发电厂锅炉化学清洗导则》规定执行。应定期割管检查受热面管子内壁的腐蚀、结垢、积盐情况。当受热面沉积物（按酸洗法计算）达到表9的数值时，或锅炉化学清洗间隔时间超过表9中规定的极限值时，应安排锅炉的化学清洗。以重油作燃料的锅炉和液态排渣炉，按高一级蒸汽参数标准要求。

表9 锅炉化学清洗间隔

锅炉类型	工作压力 MPa	沉淀物 g/m^2	清洗间隔 年
汽包锅炉	<5.88	600～900	12～15
	5.88～12.64	400～600	10
	≥12.7	300～400	6
直流锅炉		200～300	4

采用酸洗法进行锅炉化学清洗时，应注意不锈钢部件（如节流圈、温度表套、汽水取样装置等）的防护，防止不锈钢的晶间腐蚀。

对于额定蒸汽压力大于 5.9MPa 的锅炉，在系统设计时应考虑：

a）清洗设备的安装场地和管道接口；

b）清洗泵用的电源；

c）废液排放达到合格标准应具备的设备和条件。

【解读】修订条文。

按标准格式要求，将原规程中引用标准的名称去掉，只保留标准号。以新标准 DL/T 889 和 DL/T 794 替代 SDJJS03 和 SD135。

考虑到锅炉化学清洗标准的清洗间隔年限和沉淀物量，一般会随着标准修订而变化，所以在本标准中不再以表格的形式出现，具体应以化学清洗标准为准。

根据现在新建锅炉的实际情况，将原标准"不应超过20天"修改为"新建锅炉化学清洗后应立即采取防腐措施，并应缩短至锅炉点火的间隔时间，不宜超过20天。"

11.4 停备用保护

锅炉停用备用时，应按 DL/T 956 规定采取有效的保护措施。采用湿法防腐时，冬季应有防冻措施。

> **旧版条文**
>
> 10.8 锅炉停用备用时，应按 SD223《火力发电厂停（备）用热力设备防锈蚀导则》采取有效的保护措施。采用湿法防腐时，冬季应有防冻措施。
>
> 锅炉安装、试运行阶段应按 SDJJS03《电力基本建设热力设备化学监督导则》搞好化学监督。

【解读】修订条文。

按标准格式要求，将原规程中引用标准的名称去掉，只保留标准号。以新标准 DL/T 956 替代 SD223。

11.5 水质监控与调节

11.5.1 水汽取样装置探头的结构型式和取样点位置应保证取出的水、汽样品具有足够的代表性，并应经常保持良好的运行状态（包括取样水温、水量及冷却器的冷却能力），以满足仪表连续监督的需要。

11.5.2 锅炉采用喷水减温时，减温水质量应保证减温后的蒸汽钠离子、二氧化硅和金属氧化物的含量均符合蒸汽质量标准。

11.5.3 当饱和蒸汽中所含盐类在过热器管内聚集严重时，应安排过热器反冲洗。

11.5.4 当锅水 pH 值低于标准时，应查明原因并采取措施。凝汽器有漏泄时应及时消除，并监控给水水质。

11.5.5 当发现水冷壁向火侧内壁有腐蚀迹象时，应采取有效预防措施，防止发展为氢脆。

> 旧版条文
>
> **10.10** 水汽取样装置探头的结构型式和取样点位置应保证取出的水、汽样品具有足够的代表性，并应经常保持良好的运行状态（包括取样水温、水量及冷却器的冷却能力），以满足仪表连续监督的需要。
>
> **10.11** 锅炉采用喷水减温时，减温水质量应保证减温后的蒸汽钠离子、二氧化硅和金属氧化物的含量均符合蒸汽质量标准。
>
> **10.12** 饱和蒸汽中所含盐类在过热器管内聚集会影响过热器安全运行，必要时应安排过热器反冲洗。
>
> **10.14** 为防止锅炉酸性腐蚀，当锅水 pH 值低于标准时，应查明原因采取措施。凝汽器有漏泄时应及时消除，并密切注意给水水质。
>
> 　一旦发现水冷壁向火侧内壁有腐蚀迹象时，应采取预防进一步发展为氢脆的措施。
>
> **10.15** 胀接锅炉锅水中的游离 NaOH 含量，不得超过总含盐量（包括磷酸盐）的 20%。为了防止锅炉的碱性腐蚀，当采取协调磷酸盐处理时，锅水钠离子与磷酸根离子的比值，一般应维持在 2.5～2.8。

【解读】修订条文。

删除了胀接锅炉的有关内容。

11.6 水质分析

11.6.1 水质分析用化学药品应符合所采用标准要求的等级。

11.6.2 水处理材料、药品应进行到货验收并分类保管。对于存放时间较长的药品、材料，使用前应再次检验，合格后方可使用。

11.6.3 火力发电厂化学实验室配置的仪器、仪表精度等级应满足对现场分析仪器、仪表校验的要求，并由有资质的部门定期校验。

11.6.4 应依据 DL/T 677 的规定，定期对在线化学仪表进行整机在线校验。

【解读】新增条文。

12 安装和调试

12.1 基本要求

12.1.1 锅炉、压力容器及汽水管道的安装施工及验收，应根据设计和设备的技术文件及 DL/T 5210.2、DL/T 5210.5 等有关规程进行。

> **旧版条文**
>
> ## 12 安装和调试
>
> 12.1 锅炉、压力容器及管道的安装，应根据设计和设备的技术文件及《电力建设及施工验收技术规范》等有关规程的规定进行。除氧器安装应按《电站压力式除氧器安全技术规定》执行，并应制定保证受监设备及其零部件安装质量的技术组织措施。

【解读】修订条文。

原规程中本条就是指对安装施工及验收的要求，文字修改后更明确。

将原规程中《电力建设及施工验收技术规范》用标准号替代。

12.1.2 安装、调试单位应建立质量管理体系，满足 DL/T 1144 的要求，实施质量计划，完成质量检查验收工作。

> **旧版条文**
>
> 12.2 基建安装工程应实行监理制。安装单位应建立严格的质量保证体系并正常运行。安装前应对施工人员进行技术交底和必要的技术培训、考核。

【解读】修订条文。

明确提出安装、调试单位的质量管理体系应满足 DL/T 1144《火电工程项目质量管理规程》。

12.2 锅炉基础及构架测量验收

12.2.1 锅炉安装前应完成建筑工程交付安装验收,基础沉降满足设计和规程的有关规定,锅炉构架及零部件复验合格、主要部件质量符合设计或规范规定。

> **旧版条文**
>
> 12.3 锅炉安装应在锅炉基础及构架验收合格后进行。
>
> 在锅炉安装和检修过程中,如需在混凝土构架、基础、楼板上打砸孔洞或增加载荷时,应经技术部门审查同意并办理手续。施工完毕后打砸的孔洞应立即修复。

【解读】修订条文。

12.2.2 锅炉构架底部沉降观测的设置、测量、时机、结果满足设计及验收要求,符合 DL/T 5445 及有关规范规定。

> **旧版条文**
>
> 12.4 锅炉构架基础应设观测沉降的测量标。在构架吊装前、锅炉组件吊装前、水压试验上水前、水压试验后均应观测基础的沉降情况,并做出详细记录。
>
> 锅炉投运后应定期进行观测。

【解读】修订条文。

DL/T 5445《电力工程施工测量技术规范》中对锅炉构架基础沉降测量有明确规定,此处直接引用该标准号。

12.3 安装前检验、验收、保管

12.3.1 锅炉、压力容器及汽水管道安装前,安装单位应做好到货验收，并按 DL/T 647 进行安全性能检验。发现有严重腐蚀、超标缺陷、材质或规格不符、质量证明资料不全或对部件质量有怀疑等情况，应及时通知建设、监理单位，与设计、制造单位共同协商处理。

12.3.2　锅炉、压力容器及汽水管道安装前，应按 DL/T 855 及相应的规定和设备技术文件的要求，做好保管和防腐工作。

旧版条文

12.5　锅炉受压部件、压力容器及管道在未安装前，应按 SDJ 68《电力基本建设火电设备维护保管规程》及相应的补充规定和设备技术文件的要求，做好防腐和保管工作。

受压元件安装前应进行检查，确保设备和管子内部清洁，无杂物。发现有严重腐蚀、超标缺陷、材质或规格不符时，应会同建设单位与设计、制造部门联系，商定处理办法。

12.6　构架、汽包、联箱、压力容器、主要管道安装前，安装单位应查阅制造质量检验记录（包括无损探伤等记录）。质量证明资料不全或对质量有疑问时，应会同建设单位向制造单位提出质疑，要求补检或复查。未经检查、检验，不得安装。

【解读】修订条文。

将原规程中 12.5、12.6 条内容重新组合，将保管和防腐单独作为一条。

多年来，按原规程实行的电站锅炉、压力容器和管道制造质量监检工作，发现了许多设备制造遗留重大缺陷，由于在设备安装前发现了这些缺陷并进行处理，提高了设备运行安全性，节省了缺陷处理费用。本规程将安装前的制造质量检验工作定义为安全性能检验，是安装前必须进行的检验工作。

12.3.3　锅炉受热面管在组合和安装前应分别进行通球检验，通球检验合格后做好封闭措施。

12.7 锅炉受热面管在组合和安装前必须分别进行
通球试验。试验用球直径应符合规定。通球后应做好封闭措施。

【解读】修订条文。

与原条款基本一致。

12.3.4 主要压力容器、联箱安装前宜进行内部洁净度检查。

【解读】修订条文。

对原规程 12.5 条部分内容的修订。

12.4 管道支吊架安装的要求

12.4.1 管道安装应符合 DL 5190.5 的规定，并满足设计要求。支吊
架应按设计的吊点位置及偏装值正确安装，限位支吊架及阻尼器应
准确调整，变力和恒力弹簧支吊架在安装过程应予锁住。在管道安
装全部结束后，应在投入运行前将所有支吊架调整到设计规定的冷
态位置，保证管系各点的设计标高，并将锁紧销松开。

12.4.2 管道试运行前后，应记录所有支吊架标示牌和位移指示器从冷态
到热态、再从热态到冷态的数据，并进行对比，其数值应符合设计规定。

12.9 管道安装按 DL 5031《电力建设施工及验收技
术规范》（管道篇）的规定执行。支吊架应按设计的吊点位置及
偏装值正确安装。管道的固定支架应牢靠固定。限位支吊架及
阻尼器应准确调整。变力和恒力弹簧支吊架在安装过程应予锁
住，只有在投入运行前才松开。管道保温施工应按设计规定进行。

在管道安装全部结束后，应保证管系各点的设计标高，并
将所有支吊架调整在设计规定的冷态位置。必要时要对支吊架
进行热态调整。

管道投运前后，应记录从冷态到热态和从热态到再冷态所
有支吊架标示牌和位移指示器的数据，并进行比较，其数值应
符合设计规定。

【解读】修订条文。

原 DL 5031 已被 DL 5190 代替。

12.5 水压前验收、监督检查

12.5.1 锅炉水压试验前，锅炉本体的全部承重结构、承压部件、受热面、参加水压试验的各类管道及水压临时系统应由建设单位组织完成检测试验和质量验收。

12.5.2 锅炉水压试验前，水压试验方案需经审批，并办理锅炉具备整体水压试验条件的签证后，申报电力工程质量监督检查机构实施阶段监督检查。

12.5.3 电力工程质量监督检查机构依据《火力发电工程质量监督检查大纲》（国能综安全〔2014〕45 号）的要求，对责任主体质量行为、工程实体质量、质量监督检测等进行检查。

> **旧版条文**
>
> **12.11** 基建工程锅炉水压试验前，由集团公司或省电力公司质量监督中心站组织，锅炉监察工程师参加，根据部颁《电力基建工程锅炉水压试验前质量监督检查典型大纲（试行）》的要求，对设备技术条件、技术资料和文件等进行检查，依据检查结果，评价和认定水压试验是否具备条件。
>
> 除氧器安装后，应作整体水压试验。现场拼装的压力容器应作超压试验。

【解读】修订条文。

锅炉水压试验，是火力发电厂工程质量验收的一个重要节点。在锅炉水压试验前，应由电力工程质量监督站依据《火力发电工程质量监督检查大纲》的要求，对建设单位的质量管理体系、工程质量、质量监督检测报告等进行检查，其中承重、承压部件的安装质量是监督检查的重要内容。

由于电力体制改革和职能的调整，原规程规定的"由集团公司或省电力公司质量监督中心站"组织进行工程质量验收已不适合现有情况，改为"电力工程质量监督检查机构"。

12.6 安装过程中检验，技术资料归档

12.6.1 锅炉、压力容器和管道在安装过程中应按照规程规定完成相应的金属检测试验工作。

12.6.2 安装过程中工序之间的检查验收合格、隐蔽工程验收合格、见证资料齐全方可转序。

12.6.3 锅炉、压力容器及管道在安装过程中改变受压部件、元件的结构、材质、规格，应征得原设计单位同意。当由于变更使安装工艺有重大改变时，安装单位应与建设单位、设计单位、制造单位共同研究确定有关方案，并进行方案报审。所有设计变更均应办理签证手续。

12.6.4 各种记录、变更资料、检验、验收资料都应存档。

> **12.8** 锅炉、压力容器及管道在安装过程中改变受压部件、元件的结构、材质、规格，应征得原设计单位同意。当安装工艺有重大改变时，应与建设单位共同研究，并作好记录。所有设计变更均应办理签证手续。
>
> **12.10** 锅炉、压力容器和管道在安装过程中要作好技术记录，如设备和材料的检验、受热面通球、焊接、焊后热处理、无损探伤、分项工程验收、冷态和热态的试验等记录。 `旧版条文`

【解读】修订条文。

对安装过程中的质量检验和过程控制更加细化。

12.7 调试及验收

12.7.1 启动调试应根据设计资料、设备技术文件和有关规程要求，编制水压试验、烘炉、化学清洗、冲管、严密性试验、安全阀整定等调试技术措施和反事故措施。

12.7.2 启动调试应按 DL/T 5294 规定进行。

12.7.3 启动调试过程中的运行操作,由经过培训合格的运行人员执行。首次启动过程中应缓慢升温升压,同时监测锅炉各部位的膨胀值。

12.12 锅炉启动、调试,应根据设计资料、设备技术文件和有关规程要求编制下列试验计划(或技术组织措施):超压水压试验、烘炉、化学清洗、冲管、吹管、严密性试验、安全阀调整和校验、水位标定试验和热工控制设备、测量仪表、自动保护装置的调试以及机组整套启动的技术组织措施(包括反事故措施)。上述计划或措施需经验收委员会试运指挥组批准。

集团公司或省电力公司的锅炉监察工程师应参加验收委员会的工作。

启动、调试过程中的操作,应在调试人员的监护、指导下,由经过培训并考试合格取得操作证书的运行人员担任。

【解读】修订条文。

修改了原规程中不合适的管理条款,明确启动调试按规程DL/T 5294《火力发电建设工程机组调试技术规范》执行。

12.7.4 整套启动前连锁保护系统和安全装置、化学取样及加药系统、空气预热器吹灰系统等应调试完毕并验收合格。

12.7.5 锅炉及压力容器带介质运行时,数据采集系统、炉膛安全监控系统、有关辅机的自功能组和连锁、全部远程操作系统等应调试完毕并投入运行。

12.14 安全联锁系统和保护装置、化学取样及加药系统、锅炉房内消防系统(如用临时系统,其功能不应低于正常系统)、预热器吹灰系统,未经试验和调整,禁止锅炉启动。

锅炉整套启动时,下列热工设备和保护装置应经调试并投入运行：

    a）数据采集系统；

    b）炉膛安全监控系统；

    c）有关辅机的子功能组和联锁；

    d）全部远方操作。

【解读】修订条文。

对原规程的结构进行了调整，基本内容未作修订。

12.7.6 锅炉热力系统应进行冷、热态水冲洗，水质符合 DL/T 889 中有关规定，并且将冲洗水的 pH 值控制在 9.0～9.5 之间。

12.7.7 在整套启动试运前应完成单体和分系统试运、调试和整定的项目，并已验收签证。

12.7.8 机组整套启动试运前应进行监督检查。在完成对监督检查提出问题的整改，并经监督检查机构确认后，方可进入整套启动试运阶段。

12.7.9 锅炉本体受热面及其他相关管系的防腐应符合 DL/T 5190.6 有关规定。

12.7.10 机组的整套启动试运及验收应按照 DL/T 5437 规定执行。

12.7.11 监理单位应组织施工、生产、建设、调试等单位按 DL/T 5295 规定完成调试质量验收及评价，并办理签证。

旧版条文

12.13 锅炉设备的启动验收、分部试运、整套启动试运、技术资料和备品配件的移交以及试生产和竣工验收等，按部颁《火力发电厂基本建设工程启动验收规程》的规定执行。

整套试运前的现场条件、组织机构、人员配备、技术文件准备以及对调试质量的检验和评定，应按部颁《火电施工质量检验和评定标准》的规定执行。

【解读】修订条文。

明确了应执行的有关标准。

12.7.12　生产单位在考核期内完善锅炉及压力容器技术资料归档。

12.8　资料移交

机组安装和调试的档案资料，应在机组启动调试结束后移交给业主，包括以下内容：

a）锅炉、压力容器及管道的安装记录，包括设备检查和缺陷处理记录、焊接记录；

b）安装设计变更通知单；

c）试运行（包括启动调试各阶段）记录和技术签证；

d）安装单位使用的材料证明书、材料化验单和光谱分析资料；

e）焊接检验资料，包括射线探伤底片、金相、热处理、无损检验资料等；

f）锅炉、管道安装竣工图（包括管道焊缝及支吊架图）。

旧版条文

12.15　锅炉整体验收时，安装单位应向建设单位移交下列安装资料：

a）锅炉、压力容器及管道的安装记录（包括设备检查和缺陷处理记录、焊接记录）；

b）安装设计变更通知单；

c）试运行（包括启动调试各阶段）记录和技术签证；

d）安装单位使用的材质证明书、材质化验单和光谱分析资料；

e）焊接检验资料，包括射线探伤底片、金相、热处理、无损检验资料等；

f）锅炉、管道安装竣工图（包括管道焊缝及支吊架位置图）。

【解读】原条文。

13　运行管理和修理改造

13.1　基本要求

13.1.1　发电企业应逐台建立锅炉、压力容器安全技术档案，内容包括受压部件、元件有关安装、运行、检修、改造、检验以及事故等重大事项，并实行动态管理。

> **13.22** 发电厂每台锅炉都要建立技术档案簿。登录 **旧版条文**
> 受压元件有关运行、检修、改造、事故等重大事项。
> 每台压力容器都要登记造册。

【解读】修订条文。

本条是对锅炉压力容器运行管理和修理改造的基本要求，对发电企业如何建立锅炉、压力容器规范的特种设备管理档案和安全技术档案进行规范，明确了锅炉、压力容器技术档案管理要求和内容，并强调应实行动态管理。

13.1.2 发电企业应建立下列制度：

a）岗位责任制，包括锅炉安全管理人员、班组长、运行操作人员、维修人员、水处理作业人员等职责范围内的任务和要求；

b）巡回检查制度，明确定时检查的内容、路线和记录的项目；

c）交接班制度，明确交接班要求、检查内容和交接班手续；

d）设备使用、定期维护保养制度，规定锅炉停（备）用防腐蚀内容和要求以及锅炉本体安全附件、安全保护装置、自动仪表及燃烧和辅助设备的使用、设备维护保养周期、内容和要求；

e）安全管理制度，明确防火、防爆和防止非作业人员随意进入作业区域的要求、保证通道畅通的措施以及事故应急预案等。

【解读】新增条文。

结合安全生产必须落实岗位责任制的要求和电力行业两票三制的优良传统，提出了发电企业建立有关锅炉、压力容器安全运行、检修维护等制度的基本要求，指导锅炉压力容器规范使用、操作、检修维护和日常安全管理。

13.1.3 锅炉、压力容器及管道检修作业时，应按照 GB 26164.1 以及有限空间安全作业的有关规定做好相应的安全措施。

【解读】新增条文。

本条强调锅炉、压力容器及管道检修作业时应按照电力（业）安全工作规程、二十五项重点要求、两票三制、有限空间安全作业、高处作业、起重作业等电力行业多年来行之有效的有关安全生产的规定做好相应的安全措施，确保检修作业安全。

13.2　编制运行规程

13.2.1　发电企业应按照本标准要求，根据电力行业技术规范、电力（业）安全工作规程、典型运行规程和设备制造厂资料，并结合现场实际情况和运行实践经验，编制锅炉和压力容器运行规程、事故处理规程以及各种系统图和有关运行管理制度。

> **旧版条文**
>
> **13.1**　发电厂应根据本规程要求，参照部颁有关规程和典型锅炉运行规程，结合设备系统、运行经验和制造厂技术文件，编制现场锅炉运行规程、事故处理规程以及各种系统图和有关运行管理制度。

【解读】修订条文。

本条强调了安全生产的基本要求，明确发电企业在编制锅炉、压力容器运行规程、事故处理规程以及各种系统图和有关运行管理制度时，既要满足电力行业技术规范、典型运行规程和设备制造厂的有关规定，更要符合电力（业）安全工作规程的有关安全规定，也要结合现场实际情况和运行实践经验，不可照搬照抄，避免误操作、误整定事故事件的发生。

13.2.2　除氧器应按《电站压力式除氧器安全技术规定》（能源安保〔1991〕709 号）的要求，结合实际设备、系统，编制现场运行、维护规程。

13.2 除氧器应按《电站压力式除氧器安全技术规 旧版条文
定》的要求，结合实际设备、系统，编制现场运行、维护规程。

高压加热器在启动或停止时，应注意控制汽、水侧的温升、
温降速度。

各类疏水扩容器应有防止运行中超压的措施。

【解读】修订条文。

目前，有关电站压力式除氧器安全技术未出新的规定规范，
《电站压力式除氧器安全技术规定》（能源安保〔1991〕709 号）中
的规定和要求已较全面，因此保留。

对高压加热器和各类疏水扩容器的要求不变，分别调整到
13.3.10 和 13.3.11。

13.3　锅炉压力容器启、停控制

13.3.1 锅炉启动、停炉方式，应根据设备结构特点和制造厂提供的
有关资料或通过试验确定，并绘制锅炉压力、温度升（降）速度的
控制曲线。

13.3.2 启动过程中应特别注意锅炉各部件的膨胀情况，认真做好膨
胀指示记录。

13.3.3 锅炉启动初期流过过热器和再热器的蒸汽流量很小或者为
零，应控制锅炉燃烧率、炉膛出口烟温，使升温、升压过程符合启
动曲线。对超（超）临界锅炉，启动初期应落实好防止内壁氧化皮
集中剥落的措施。

13.3.4 锅炉停炉的降温、降压过程应符合停炉曲线要求，熄火后的
通风和放水，应避免使受压部件快速冷却。

13.3.5 锅炉停炉后压力未降低至大气压力以及排烟温度未降至
60℃以下时，仍需对锅炉严密监视。

13.3.6 汽包锅炉应严格控制汽包壁温差。上、下壁温差不应超过制
造厂规定限值，以不超过 50℃为宜。

13.3　锅炉启动、停炉方式，应根据设备结构特点和制造厂提供的有关资料或通过试验确定，并绘制锅炉压力、温度升（降）速度的控制曲线。

启动过程中应特别注意锅炉各部的膨胀情况，认真做好膨胀指示记录。

锅炉启动初期流过过热器和再热器的蒸汽流量很小或者为零，应控制锅炉燃烧率、炉膛出口烟温，使升温、升压过程符合启动曲线。

汽包锅炉应严格控制汽包壁温差。上、下壁温差不超过40℃。

13.6　锅炉停炉的降温降压过程应符合停炉曲线要求，熄火后的通风和放水，应使受压部件避免快速冷却。

锅炉停炉后压力未降低至大气压力以及排烟温度未降至60℃以下时，仍需对锅炉严密监视。

【解读】修订条文。

结合当前大容量高参数锅炉的实际运行状况，把原有的条款拆分，并针对大容量高参数锅炉特性进行修订。

13.3.3 中增加了对超（超）临界锅炉启动初期高温过（再）热器管金属材料易因温度波动大造成的氧化皮脱落现象应落实预防措施的要求。目前的氧化皮脱落没有很好的治理手段，通过控制温度突变可以有效降低氧化皮脱落。

13.3.4 内容虽没有修订变化，但与 13.3.3 中升温曲线控制要求一样，降温曲线的平稳控制，防止温度波动过大，也是控制高温过（再）管金属材料氧化皮脱落的手段之一。

13.3.6 是结合了锅炉制造单位性能要求，将汽包壁温差上限调整到50℃。

13.3.7　采用等离子及微油点火方式启动的锅炉，在启动初期，空气预热器应连续吹灰；当低负荷煤、油混烧时，应连续吹灰，监视排烟温度，防止空气预热器二次燃烧。

【解读】新增条文。

针对当前大容量高参数锅炉采用较多的等离子和微油点火方式，为控制在启动初期的煤、油未燃尽造成的尾部黏积并形成二次燃烧产生运行安全事故，特制定的技术预控措施。

13.3.8 锅炉启动初期应严格执行运行规程，加强减温水投用的控制，防止过早、过量投用减温水。

【解读】新增条文。

针对目前大容量高参数锅炉启动初期烟温低，合理控制减温水量和投用时间，可保障减温水充分汽化，控制汽温波动过大，对高温过（再）管氧化皮脱落也是好的控制手段之一。

13.3.9 直流锅炉启动阶段，须监视启动分离器壁温变化，控制启动分离器热应力。直流炉应严格控制燃水比，严防燃水比失调。湿态运行时应严密监视分离器水位，干态运行时应严密监视微过热点(中间点)温度，防止蒸汽带水或金属壁温超温。

【解读】新增条文。

针对大容量高参数直流锅炉启动分离器在启动阶段和运行工况提出了安全技术控制措施。启动分离器壁厚较厚，需重点控制启动分离器的热应力影响。

13.3.10 高压加热器在启动或停止时，应注意控制汽、水侧的温升、温降速度。

13.3.11 各类疏水扩容器应有防止超压的措施。

13.2 除氧器应按《电站压力式除氧器安全技术规定》的要求，结合实际设备、系统，编制现场运行、维护规程。

高压加热器在启动或停止时，应注意控制汽、水侧的温升、温降速度。

各类疏水扩容器应有防止运行中超压的措施。

【解读】修订条文。

将除氧器的有关规定调整到 13.2.2，高压加热器和各类疏水扩容器的要求不变，只调整了序号。

13.4 煤质

13.4.1 锅炉燃用的煤质应基本符合设计要求，其低位热值、灰熔点、挥发分、水分和灰分变化应不影响锅炉的安全运行。燃料入炉前应进行燃料分析，根据分析结果进行燃料控制与调整。燃用与设计偏差较大煤质时，应进行燃烧调整试验。

> **旧版条文**
>
> 13.5 锅炉燃用的煤质应基本符合设计要求。其低位热值、灰熔点、挥发分、水分和灰分变化不应影响锅炉的安全运行。

【解读】修订条文。

针对目前大容量高参数锅炉频繁燃用劣质煤或掺烧煤，易造成燃烧工况不稳或使受热面管超温等安全隐患。本条修订时保留了原有条款中对锅炉燃煤的要求，增加了燃料分析和燃烧调整试验，主要是针对燃用非设计煤种时，应对所用煤种有明确的分析和调整试验结论，根据结论控制燃料和调整运行方法，以防止产生影响安全运行的隐患。

13.4.2 燃用易结渣煤种时，应先进行煤掺烧试验，在日常运行过程中应同时加强锅炉结渣情况的监督。

【解读】新增条文。

增加了易结渣煤种的煤掺烧试验，是针对火力发电厂燃煤变化频繁、煤质可能变差的情况，进行掺烧试验以降低锅炉严重结渣的风险。

13.5 锅炉运行

13.5.1 锅炉应保持设计参数运行，不得任意提高运行参数和出力。

在运行中出现超温超压情况时，应立即查明原因采取措施，并记录超温、超压的数值和时间。

13.5.2 锅炉应平稳地增减负荷，控制增减负荷的速度。在增负荷时应先增加风量，减负荷时先减燃料量。运行期间应保持燃料空气比在安全范围内。

13.5.3 超（超）临界锅炉应提高给水品质，控制主蒸汽、再热蒸汽减温水投用速率，防止过热器、再热器系统汽侧氧化皮加速生成和集中脱落。停炉检修时，应加强过热器、再热器下弯头处氧化皮堵塞情况的监督和检查。

13.5.4 加强锅炉燃烧调整，改善贴壁气氛，避免高温腐蚀。锅炉改燃非设计煤种时，应全面分析新煤种高温腐蚀特性，采取有针对性的措施。锅炉采用主燃区过量空气系数低于 1.0 的低氮燃烧技术时，应加强贴壁气氛监视，C 级及以上检修时应检查锅炉水冷壁管壁高温腐蚀情况。

13.5.5 超（超）临界锅炉水冷壁设置有节流孔板时，应采取有效措施防止节流孔板结垢。

13.5.6 炉水循环泵应由锅炉设计单位按运行要求确定功率、流量等参数，并确定切换时间。

> **旧版条文**
>
> **13.7** 锅炉应保持额定参数运行，不得任意提高运行参数和出力。在运行中出现超温超压情况时，应立即查明原因采取果断措施，并记录超温、超压的数值和时间。
>
> **13.4** 锅炉应平稳地增减负荷，控制增减负荷的速度。在增减负荷时应使风量先于燃料量的增加，后于燃料量的减少。但在整个运行期间应尽量保持燃料空气比在安全范围内。

【解读】修订条文。

结合当前大容量高参数锅炉实际运行中出现的问题，保留原有的运行控制手段，增加了部分控制措施，以引导在使用过程中有效降低锅炉压力容器的安全隐患。

13.5.3 是针对超（超）临界锅炉过（再）热器氧化皮堵管问题，提出运行过程中通过控制给水品质和减温水投用要求，以降低氧化皮脱落速率，并明确提出检修时需对氧化皮堵塞情况进行检查和监督的要求。

13.5.4 是结合近年来大容量高参数锅炉频繁出现的水冷壁高温腐蚀、横向裂纹所提出的预防控制手段，并对水冷壁管高温腐蚀定期检查提出要求。

13.5.5 是针对水冷壁进口集箱出口装有节流孔板的超（超）临界锅炉水冷壁节流孔板结垢症状进行提示。

13.5.6 是针对大容量锅炉设备炉水循环泵而对锅炉设计单位提出的相关要求。

13.5.7 锅炉调峰运行时，各部位温度、温差的控制及其变化速度、负荷增减的速度、启动和停止时的温度、压力升（降）速度等，应满足有关规程的规定。

> 旧版条文
>
> **13.8** 设计带基本负荷的锅炉改为调峰运行时，各部温度、温差的控制及其变化速度、负荷增减的速度、启动和停止时的温度、压力升（降）速度等，应满足有关规程的规定。

【解读】修订条文。

根据目前电力市场的实际，所有锅炉的技术性能均应满足参与调峰运行的要求。

13.6 运行中保护装置和连锁装置

13.6.1 运行中锅炉保护装置和连锁装置不得任意退出运行。主保护装置需要退出检查和维护时，应限定时间并经发电企业技术负责人批准，记录退出运行的原因、时间和恢复时间。

13.6.2 水位、炉膛压力、全炉膛灭火保护停用后在限定时间内不能恢复时，宜停止锅炉运行。

13.6.3 直流炉给水流量保护在限定时间内不能恢复时，宜停止锅炉运行。

13.6.4 保护装置的备用电源或气源应可靠，备用电源或气源不应随意退出备用。

> **13.9** 运行中锅炉保护装置和联锁不得任意退出运行。主保护需要退出检查和维护时，应限定时间并经发电厂总工程师批准，记录退出运行的原因、时间和恢复时间。
>
> 水位和炉膛压力保护停用后在限定时间内不能恢复时，宜停止锅炉运行。
>
> 保护装置的备用电源或气源应可靠，备用电源或气源亦不应随意退出备用。
>
> 旧版条文

【解读】修订条文。

13.6.1 本次修订中结合大多数电力企业实际生产运行状态和消缺制度，将热工主保护退出时批准人调整为发电企业技术负责人批准。

13.6.2 针对目前大容量高参数锅炉自动化保护使用实际情况，增加了当全炉膛灭火保护（即 FSSS）失去时宜停炉的要求。

13.6.3 本条是结合二十五项反措和发电企业实际运行使用状况，强调直流炉给水流量保护的重要性，防止运行状态下的燃水比失调。

13.6.5 对于具有省煤器给水旁路系统的，应具有防止省煤器中给水饱和汽化的装置。

【解读】新增条文。

针对当前发电企业为实现 SCR 系统在低负荷下正常投运所采取的省煤器给水旁路改造方案，提出了安全控制措施方面的要求。

13.7 已熄火停炉的锅炉

13.7.1 禁止向已经熄火停炉的锅炉炉膛内排放煤粉、磨煤机存粉、制粉乏气风、燃油和燃气。

13.7.2 当故障引起主燃料跳闸,熄火后未及时进行炉膛吹扫时,应尽快实施补充吹扫。

> **13.10** 禁止向已经熄火停炉的锅炉炉膛内排放煤粉仓存粉。 旧版条文
>
> 由于事故引起主燃料跳闸,熄火后未及时进行炉膛吹扫,应尽快实施补充吹扫。

【解读】修订条文。

增加了禁止向熄火停炉的炉膛内排放各种剩余燃料的要求,调整了原仅对煤粉仓存粉排放的局限性,以适应当前各种结构类型的锅炉设备。

13.8 运行人员基本要求及培训、考核

13.8.1 锅炉运行操作人员的基本条件:

a)年满 18 周岁,身体健康。

b)掌握所有控制装置的机理和作用。

c)了解锅炉原理,熟悉锅炉结构和系统。

d)能以正确的方法进行锅炉点火、启动以及熄火、停炉的操作。

e)能以正确的方法熟练地进行调整、运行和事故处理。

f)掌握锅炉的给水方法,清楚地知道当汽包水位过高或过低时应采取的措施。对于直流锅炉能清楚知道中间点温度的控制方法。

g)亚临界、超(超)临界压力锅炉的主要运行操作人员,应具备大专及以上学历。

13.11　锅炉运行操作人员的基本条件：

a）年满 18 周岁，身体健康；

b）掌握所有控制装置的机理和作用；

c）了解锅炉原理，熟悉锅炉结构和系统；

d）能以正确的方法进行锅炉点火、启动以及熄火、停炉的操作；

e）能以正确的方法熟练地进行调整、运行和事故处理；

f）掌握锅炉的给水方法，清楚地知道当汽包水位过高或过低时应采取的措施。对于直流锅炉能清楚知道中间点温度的控制方法。

亚临界、超临界压力锅炉的主要运行操作人员，应具备大专或同等学历。

【解读】修订条文。

为保障锅炉安全运行而提出的对锅炉运行操作人员的基本条件。由于亚临界、超(超)临界压力锅炉运行控制和调节更为复杂，技术要求更高，故对原规程内容稍作修改，保留了对其主要运行操作人员提出的学历要求。

13.8.2　对锅炉、压力容器运行人员，应按电力行业有关规定进行安全、技术教育，在跟班见习、考试合格，并按《特种设备作业人员监督管理办法》（质检总局令第 140 号）取得相应证书后方准独立值班。

13.8.3　670t/h 及以上锅炉的运行值班人员，除正常的培训考核外，还应经仿真机培训，取得操作证，并定期经仿真机轮训。

13.12　对锅炉、压力容器运行人员，应按《电业生产人员培训制度》的规定进行安全、技术教育，并在跟班见习，考试合格，取得操作证书后方准独立值班。

670t/h 及以上锅炉的运行值班人员，除正常的培训考核外，还应经仿真机培训，取得操作证，并定期经仿真机轮训。

13.13　锅炉运行时，值班人员应认真执行岗位责任制，严格遵守劳动纪律，不得擅自离开工作岗位，不做与岗位工作无关的事。

任何领导人员不得强迫运行值班人员违章操作。

【解读】修订条文。

将原 13.12 条拆分为两条，其中：

13.8.2 条修订是结合国家特种设备安全监督管理部门有关特种设备作业人员的监督管理规定，对包括锅炉压力容器等特种设备作业人员，除需遵守电力行业安全、技术要求规定进行安全和技术教育培训并跟班见习、考试合格外，还应向国家（当地）特种设备安全监督管理部门取得特种设备作业人员相应证书后方可进行相关工作，调整了人员取证所依据的管理制度。

13.8.3 条是对开展仿真机培训和轮训的基本要求，仿真机培训和轮训是培养和提高运行人员操作技能的有效手段。

原规程 13.13 条内容是生产人员必须遵守的安全生产基本要求。

13.9　运行中需要停炉的情况

13.9.1　锅炉运行中遇到下列情况，应立即停止向炉膛送入燃料，再视具体情况正确处理：

a）锅炉严重缺水；

b）锅炉严重满水；

c）直流锅炉断水；

d）锅水循环泵发生故障，不能保证锅炉安全运行；

e）水位装置失效，无法监视水位；

f）主要汽水管道泄漏或锅炉范围内连接管道爆破；

g）再热器蒸汽中断（制造厂有规定者除外）；

h）炉膛熄火；

i）燃油（气）锅炉油（气）压力严重下降；

j）安全阀全部失效或锅炉超压；

k）热工仪表失效、控制电（气）源中断，无法监视、调整主要运行参数；

l）主保护拒动时应立即停炉；

m）严重危及人身和设备安全以及制造单位有特殊规定的其他情况。

> 旧版条文
>
> 13.14 锅炉运行中遇到下列情况，应立即停止向炉膛送入燃料，再视具体情况正确处理：
>
> a）锅炉严重缺水；
>
> b）锅炉严重满水；
>
> c）直流锅炉断水；
>
> d）锅水循环泵发生故障，不能保证锅炉安全运行；
>
> e）水位表失效；无法监视水位；
>
> f）主蒸汽管、再热蒸汽管、主给水管和锅炉范围连接导管爆破；
>
> g）再热器蒸汽中断（制造厂有规定者除外）；
>
> h）炉膛熄火；
>
> i）燃油（气）锅炉油（气）压力严重下降；
>
> j）安全阀全部失效或锅炉超压；
>
> k）热工仪表、控制电（气）源中断，无法监视、调整主要运行参数；
>
> l）严重危及人身和设备安全以及制造厂有特殊规定的其他情况。

【解读】修订条文。

e）条，本次修订时考虑到目前大容量高参数锅炉的水位监控有多种形式，故将"水位表失效"修改为"水位装置失效"。

f）条，目前的大容量高参数锅炉因压力、温度等级较高，疏放水管等炉外管的爆破也会造成严重后果，故将"主蒸汽管、再热蒸汽管、主给水管和锅炉范围连接导管爆破"调整为"主要汽水管道泄漏或锅炉范围内连接管道爆破"，以适应电力安全生产特点，也是与4.1条监督对象相衔接。

m）条是针对锅炉主保护拒动可能造成严重的后果而增加的要求。

13.9.2 锅炉运行中，发生受压元件漏泄、炉膛严重结焦、锅炉无法排渣、锅炉尾部烟道严重堵灰、炉墙烧红、受热面金属严重超温、汽水品质严重恶化等情况时，应停止运行，停炉时间由发电企业技术负责人确定。

> **旧版条文**
> 13.15 锅炉运行中，发生受压元件漏泄、炉膛严重结焦、液态排渣锅炉无法排渣、锅炉尾部烟道严重堵灰、炉墙烧红、受热面金属严重超温、汽水品质严重恶化等情况时，应停止运行。
> 发生上述情况，停炉时间由发电厂总工程师确定。

【解读】修订条文。

针对部分发电企业技术分管领导不是总工程师的情况，将"发电厂总工程师"修改为"发电企业技术负责人"，应当停止锅炉运行的情况未作修订。

13.10 未及时停炉造成事故

达到停炉条件而不及时停止锅炉运行，造成事故扩大，引起设备重大损坏和人身事故时，应追究有关人员的责任。

> **旧版条文**
> 13.16 达到停炉条件而不及时停止锅炉运行，造成事故扩大，引起设备重大损坏和人身事故时，应追究有关人员的责任。

【解读】原条文。

未及时停炉造成事故扩大而追究有关人员责任，是安全生产失职追责的要求，保留原条文。

13.11 编制检修规程、制度、记录

发电企业应根据设备结构、制造厂的图纸、资料和技术文件、技术规程和有关专业规程的要求，编制现场检修工艺规程和有关的检修管理制度，并建立健全各项检修技术记录。

旧版条文

13.17 发电厂应根据设备结构、制造厂的图纸、资料和技术文件、技术规程和有关专业规程的要求，编制现场检修工艺规程和有关的检修管理制度，并建立健全各项检修技术记录。

【解读】原条文。

这是电力行业多年来行之有效的检修管理要求，保留原条文。

13.12 检修计划

发电企业应根据设备的技术状况、受压部件老化、腐蚀、磨损规律以及运行维护条件制定检修和检查计划，确定锅炉、压力容器及管道的重点检验、修理项目，及时消除设备缺陷，确保受压部件、元件经常处于完好状态。管道及其支吊架的检查维修应列为常规检修项目。

旧版条文

13.18 发电厂应根据设备的技术状况、受压部件老化、腐蚀、磨损规律以及运行维护条件制定大、小修计划，确定锅炉、压力容器及管道的重点检验、修理项目，及时消除设备缺陷，确保受压部件、元件经常处于完好状态。管道及其支吊架的检查维修应列为常规检修项目。

【解读】修订条文。

因目前大多数发电企业均采用点检管理模式，检修周期根据设备状态情况制定，故本次修订时将"大小修计划"调整为"检修计划"，以更好地适应各发电企业检修工作实际，把特种设备管理贯穿于各检修环节中。

13.13 更换及改造

13.13.1 锅炉受压部件、元件和压力容器更换应符合原设计要求。改造应有设计图纸、计算资料和施工技术方案。

13.13.2 涉及锅炉、压力容器结构及管道的重大改变、锅炉参数变化的改造方案、压力容器更换的选型方案，应由具有相应资质的设计和制造单位进行。

13.13.3 禁止在压力容器上随意开检修孔、焊接管座、加带贴补和利用管道作为其他重物起吊的支吊点。

13.13.4 锅炉改造方案应包括必要的计算资料、设计图样和施工技术方案。

13.13.5 有关锅炉、压力容器改造和压力容器、管道更换的资料、图纸、文件，应在改造、更换工作完毕后立即整理、归档。

13.13.6 因设备改造使得锅炉服役工况或运行参数发生变化时，应及时修订锅炉运行规程。

旧版条文

13.19 锅炉受压部件、元件和压力容器更换应符合原设计要求。改造应有设计图纸、计算资料和施工技术方案。

涉及锅炉、压力容器结构及管道的重大改变、锅炉参数变化的改造方案、压力容器更换的选型方案，应报集团公司或省电力公司审批。

有关锅炉、压力容器改造和压力容器、管道更换的资料、图纸、文件，应在改造、更换工作完毕后立即整理、归档。

13.21 禁止在压力容器上随意开检修孔、焊接管座、加带贴补和利用管道作为其他重物起吊的支吊点。

【解读】修订条文。

将原规程 13.21 条引用为 13.13.3 条。

对原规程 13.19 条进行了拆分，其中：

13.13.2 条，结合目前特种设备安全监督管理有关规定，删除了改造方案、选型方案报集团公司或省电力公司审批的规定，明确了应由具有国家特种设备安全监督管理部门认可的特种设备相应资质的单位进行。

增加 13.13.4 条，提出了制定"锅炉改造方案"应包括的基本内容，这是安全生产的要求，是规范电力生产检修技改时技术管理的要求，同时也是在特种设备安全监督管理方面接受国家有关部门监督管理的需要。

13.13.5 条为原规程条文。

增加 13.13.6 条，锅炉改造后工况或运行参数发生变化时应及时修订锅炉运行规程，主要是为防止误操作，避免不安全事故事件的发生。

13.14　检修质量管理

应建立严格的质量责任制度和质量保证体系，认真执行各级验收制度，确保修理和改造的质量。修理改造后的整体验收由发电企业技术负责人主持，锅监师参加。重点修理改造项目应由专人负责验收。

旧版条文

13.20　应建立严格的质量责任制度和质量保证体系，认真执行各级验收制度，确保修理和改造的质量。修理改造后的整体验收由电厂总工程师主持，锅炉监察工程师参加。重点修理改造项目应由专人负责验收。

【解读】修订条文。

针对部分发电企业技术分管领导不是总工程师的情况，将"发电厂总工程师"修改为"发电企业技术负责人"。

14 检验

14.1 基本要求

14.1.1 锅炉、压力容器及汽水管道应按本标准、DL/T 647 及有关规程要求进行检验。进口锅炉、压力容器及汽水管道的监造与检验应按合同约定进行。

> **14.1** 锅炉、压力容器和管道按部颁《电力工业锅炉压力容器安全性能检验大纲》、GB 150《钢制压力容器》、GB 151《钢制管壳式换热器》、劳动部《在用压力容器检验规程》、DL 5031《电力建设施工及验收技术规范》（管道篇）和 DL 438《火力发电厂金属技术监督规程》等规定进行检验。
> 进口锅炉、压力容器和管道按合同规定的标准进行监造和商检。
>
> 〔旧版条文〕

【解读】修订条文。

本次修订删除了原规程中检验时所依据的原劳动部《在用压力容器检验规程》、GB 150《钢制压力容器》、GB 151《钢制管壳式换热器》等标准，用本规程和 DL/T 647 及有关规程代替。

根据进口锅炉压力容器管理现状，将原规程"进口锅炉、压力容器和管道按合同规定的标准进行监造和商检"改写为"进口锅炉、压力容器及汽水管道的检验应按合同约定进行"，作为原则性规定。

原规程发布于 1997 年，是原电力部为指导电力工业锅炉压力容器安全工作而编制的综合性管理规程，是强制性标准，标准规定的检验内容为强制性检验。目前，锅炉压力容器强制性检验内容为国家质检总局相关标准规定的监督检验和定期检验。

本规程和 DL/T 647 中的检验要求是基于电力行业的特点和需要，在国家质检总局有关锅炉压力容器强制性检验的基础上，对电力行业锅炉压力容器检验工作的补充和延伸。发电企业可将本规程结合国家质检总局的《锅炉安全技术监察规程》《固定式压力容器安全技术监察规程》等统筹安排检验项目。

14.1.2　锅炉、压力容器及汽水管道检验工作应纳入安装、设备检修计划。未经检验合格的锅炉、压力容器及汽水管道不准安装和投入运行。

> **旧版条文**
> 14.2　锅炉、压力容器的检验工作应纳入安装、设备检修计划。未经检验合格的锅炉、压力容器不准安装和投入运行。

【解读】修订条文。

条文修订时新增了汽水管道，要求其与锅炉和压力容器一样应将检验工作纳入安装、检修计划，并明确检验合格是锅炉、压力容器及汽水管道安装和投入运行的先决条件。

14.1.3　锅炉、压力容器及汽水管道的检验应包括：
　　a）锅炉、压力容器及汽水管道产品安全性能检验；
　　b）锅炉、压力容器及汽水管道安装阶段检验；
　　c）在役锅炉、压力容器定期检验；
　　d）在役汽水管道及支吊架检验。

> **旧版条文**
> 14.3　锅炉、压力容器及管道的安全性能检验包括：
> 　　a）锅炉产品制造质量监检；
> 　　b）锅炉安装阶段检验；
> 　　c）在役锅炉定期检验；
> 　　d）压力容器产品质量监检；
> 　　e）压力容器安装阶段检验；
> 　　f）在役压力容器定期检验；
> 　　g）管道配制过程的监检；
> 　　h）管道安装阶段检验；
> 　　i）在役管道的定期检验。

14 检 验

【解读】修订条文。

原规程按锅炉、压力容器和管道分成 9 项检验，是依据原电力工业部锅炉压力容器安全监察委员会在 1995 年 2 月 6 日颁发的《电力工业锅炉压力容器安全性能检验大纲》（见锅监委〔1995〕001 号《关于颁发〈电力工业锅炉压力容器安全性能检验大纲〉的通知》）中的安全性能检验分类并增加管道检验内容形成的。本次修订按时间节点将检验内容按安装前、安装过程中、投运后 3 个阶段归类，分成 a）安全性能检验、b）安装阶段检验、c）定期检验 3 项，参见 4.5 条释义。根据目前电厂在役管道管理情况，单独列出"d）在役汽水管道及支吊架检验"，此项检验可包含在定期检验中，也可单独进行。

原规程"安全性能检验"包含了锅炉、压力容器及管道制造、安装、在役运行全过程的检验工作，是各项检验工作的统称。本次修订采用原国家电力公司《电力锅炉压力容器安全监督管理工作规定》（国电总〔2000〕465 号）将安全性能检验仅针对于锅炉压力容器安装前检验的规定，以及多年来电力行业内将设备安装前的制造质量检验称为"安全性能检验"的习惯做法，"安全性能检验"仅指设备安装前对其制造质量的检验。

本规程不涉及设备制造期间的质量监督检验工作，制造质量监督检验由质量技术监督部门按国家质检总局《固定式压力容器安全技术监察规程》《锅炉监督检验规则》等进行。

14.1.4 锅炉、压力容器检验单位应具有与检验项目相应的检验资质。

【解读】新增条文。

此条文是对检验单位的基本要求。检验单位应按国家有关规定取得相应资质，从事资质允许范围内的检验工作，与 4.2.1 条一致。

14.2 安全性能检验

14.2.1 锅炉、压力容器及汽水管道安装前，应依照 DL/T 647 的要求，进行锅炉、压力容器及汽水管道安全性能检验。

【解读】新增条文。

根据原规程对锅炉、压力容器设备质量监检的要求，多年来大多数发电工程建设项目都按 DL/T 647 的具体规定进行了锅炉、压力容器和汽水管道安装前的制造质量检验工作，为保证设备质量、消除安全隐患，起到了很大的作用。

关于"安全性能检验"有以下几点说明：

（1）各地对设备安装前检验的称谓不同，有安全性能检验、制造质量检验、前检、落地检验等，本规程统称为"安全性能检验"；

（2）"安全性能检验"是行业管理行为，不属于强制性检验；

（3）由于"安全性能检验"需要较强的专业技术知识和检验检测能力，应由行业内具有特种设备检验资质的单位进行。

14.2.2 锅炉汽包、联箱、汽水管道、大板梁等不易运输和返修的部件宜到制造厂检验。

【解读】新增条文：

汽包、联箱、大板梁等运输及施工现场返修困难的大型部件，如在现场发现需返修的缺陷，则很难处理。故对这些部件的制造质量检验宜安排在制造厂发货前就地进行，如发现需返修的缺陷，可直接在制造厂处理。

14.3 安装质量检验

14.3.1 锅炉、压力容器及汽水管道安装过程中，安装单位应对设备安装质量进行自检。检验内容及要求按 DL/T 5190.2、DL/T 5190.5 执行。

【解读】新增条文。

安装单位对锅炉、压力容器及汽水管道的安装质量进行自检是保证安装质量的基础，是电力建设施工质量验收及评价工作时的基本要求，检验内容及要求在 DL/T 5190.2、DL/T 5190.5 中有明确规定。

14.3.2 锅炉安装过程中，应按 TSG G0001 规定，进行锅炉安装监督检验。

【解读】新增条文。

根据 TSG G0001《锅炉安全技术监察规程》规定，锅炉安装过程，应进行安装监督检验。此项检验是法定检验，不能由其他检验替代。

14.3.3 锅炉、压力容器及汽水管道安装过程中，在进行锅炉安装监督检验基础上，可按 DL/T 647 的要求，增加必要的安装质量监督检验项目。

【解读】新增条文。

目前，质量技术监督部门在锅炉安装过程中进行的监督检验执行 TSG G7001《锅炉安装监督检验规则》，是以资料核查、现场监督和实物检查等工作见证为主的管理性工作，实际开展的检验工作很少。

为了锅炉、压力容器及汽水管道的安全性，应加强对安装质量的检验。多年来，电力行业内部分地区一直在按 DL/T 647—2004《电站锅炉压力容器检验规程》的要求对锅炉、压力容器及汽水管道的安装质量进行检验，取得了很好的效果。

鉴于上述情况，建设单位可在安装单位自检、质量技术监督部门监检的基础上，按 DL/T 647 的要求增加锅炉、压力容器及汽水管道安装质量的检验项目。

14.4　在役锅炉定期检验

14.4.1 锅炉定期检验包括运行状态下的外部检验、停炉状态下的内部检验和水压试验。

【解读】新增条文。

参照 TSG G0001《锅炉安全技术监察规程》9.4.1 条，增加了锅炉检验类别、外部检验、内部检验和水压试验时机的表述。

14.4.2 在役锅炉定期检验的周期

a）外部检验，每年不少于一次。

b）内部检验，结合锅炉检修进行，一般每 3 年～6 年进行一次；新装锅炉投产一年左右，应结合首次 A 级或 B 级检修，进行首次内部检验。

c）水压试验，对锅炉安全状况有怀疑或锅炉检修需要时，应进行水压试验。

旧版条文

14.4 运行锅炉应进行定期检验。定期检验的种类和检验间隔：

a）外部检验：每年不少于一次。

b）内部检验：结合每次大修进行，其正常检验内容应列入锅炉"检修工艺规程"，特殊项目列入年度大修计划。新投产锅炉运行一年后应进行内部检验。

c）超压试验：一般二次大修（6 年～8 年）一次。根据设备具体技术状况，经集团公司或省电力公司锅炉监察部门同意，可适当延长或缩短间隔时间。超压试验结合大修进行，列入该次大修的特殊项目。

【解读】修订条文。

主要变化如下：

（1）参照 TSG G0001《锅炉安全技术监察规程》9.4.2 条，将原规程"b）内部检验：结合每次大修进行，其正常检验内容应列入锅炉"检修工艺规程"，特殊项目列入年度大修计划"改写为"内部检验，结合锅炉检修进行，一般每 3 年～6 年进行一次"。

（2）参考 DL/T 838《发电企业设备检修导则》对新机组检修间隔的规定，将原规程"新投产锅炉运行一年后应进行内部检验"改写为"新装锅炉投产一年左右，应结合首次 A 级或 B 级检修，进行首次内部检验"。

（3）根据 TSG G0001《锅炉安全技术监察规程》9.4.2 条，水压试验不再是在役锅炉定期检验必须做的检验项目。所以，将原规程"c）超压试验"的内容改写为"c）水压试验，对锅炉安全状况有怀疑或锅炉检修需要时，应进行水压试验"。

14.4.3　遇有下列情况之一时，应进行内、外部检验和水压试验。

　　a）停用一年以上的锅炉恢复运行时；

　　b）锅炉严重超压达 1.25 倍工作压力及以上时；

　　c）锅炉严重缺水、爆燃等事故引起受热面大面积变形时；

　　d）根据运行情况，对设备安全可靠性有怀疑时。

旧版条文

14.5　锅炉除定期检验外，有下列情况之一时，也应进行内、外部检验和超压试验：

　　a）新装和迁移的锅炉投运时；

　　b）停用一年以上的锅炉恢复运行时；

　　c）锅炉改造、受压元件经重大修理或更换后，如水冷壁更换管数在 50%以上，过热器、再热器、省煤器等部件成组更换，汽包进行了重大修理时；

　　d）锅炉严重超压达 1.25 倍工作压力及以上时；

　　e）锅炉严重缺水后受热面大面积变形时；

　　f）根据运行情况，对设备安全可靠性有怀疑时。

【解读】修订条文。

删除了原规程"a）"和"c）"条，原因如下：

（1）原规程"新装和迁移的锅炉投运时"应进行检验与本规程"新投产锅炉运行一年左右"进行首次检验的时间要求不一致，予以删除。

（2）参照 TSG G0001《锅炉安全技术监察规程》9.4.3 条的修改，删除了原规程 14.4 c）"锅炉改造、受压元件经重大修理或更换后，如水冷壁更换管数在 50%以上，过热器、再热器、省煤器等部件成组更换，汽包进行了重大修理时"，避免锅炉局部修理更换时，要求对整台锅炉进行检验。

14.4.4　锅炉外部检验的主要内容。
　　a）锅炉各项管理制度执行情况；
　　b）锅炉安全设施；
　　c）锅炉运行情况；
　　d）锅炉炉墙、密封、保温情况；
　　e）锅炉汽水管道、连接管道保温情况；
　　f）锅炉本体、汽水管道悬吊装置；
　　g）锅炉各种阀门密封情况；
　　h）锅炉承重构件；
　　i）锅炉本体、汽水管道膨胀状况及膨胀指示器；
　　j）锅炉管道布置情况；
　　k）安全附件、测量装置、安全保护装置；
　　l）设备、阀门铭牌，管道标记；
　　m）运行人员资格。

旧版条文

14.6　锅炉外部检验的主要内容：
　　a）锅炉房安全措施、承重件及悬吊装置；
　　b）设备铭牌、管道阀门标记；
　　c）炉墙、保温；
　　d）主要仪表、保护装置及联锁；
　　e）锅炉膨胀状况；
　　f）安全阀；
　　g）规程、制度和运行记录以及水汽质量；
　　h）运行人员资格、素质；
　　i）其他。

【解读】修订条文。

在原条文的基础上增加了：

c）锅炉运行情况；

e）锅炉汽水管道、连接管道保温情况；

g）锅炉各种阀门密封情况；

k）锅炉管道布置情况。

锅炉运行中振动、管道保温脱落、阀门漏气、管道互相干涉等是锅炉外部检验中常见的问题，所以本次修订增加了这些检验内容。

此外，在不改变原规程条款基本含义的前提下，对个别条款进行了修改。如：

e）"锅炉膨胀状况"改为"锅炉本体、汽水管道膨胀状况及膨胀指示器"；

g）"规程、制度和运行记录以及水汽质量"改为"a）锅炉各项管理制度执行情况"。

将"运行记录"移至 14.4.5 a）。

14.4.5 锅炉内部检验主要内容。

a）锅炉运行记录；

b）汽包、外置式启动分离器；

c）联箱、减温器、内置式启动分离器；

d）锅炉连接管道；

e）各部受热面管子及定位装置；

f）汽水管道及阀门；

g）安全附件、保护装置；

h）锅炉炉顶密封；

i）炉内受热面、联箱膨胀情况；

j）承重构件、支吊架；

k）奥氏体钢受热面管子氧化皮脱落堆积情况；

l）超临界锅炉水冷壁下联箱节流装置。

旧版条文

14.7 锅炉内部检验主要内容：

    a）汽包、启动分离器及其连接管；

    b）各部受热面及其联箱；

    c）减温器；

    d）锅炉范围内管道及其附件；

    e）锅水循环泵；

    f）安全附件、仪表及保护装置；

    g）炉墙、保温；

    h）承重部件；

    i）大修后检验及调整工作；

    j）工作压力下水压试验；

    k）其他。

【解读】修订条文。

随着超临界新机组大量投用，奥氏体不锈钢受热面管子氧化皮脱落和水冷壁下联箱节流阀堵塞造成爆管事故频发，成为影响安全运行的新问题。因此，增加了"j）奥氏体钢受热面管子氧化皮脱落堆积情况；l）超临界锅炉水冷壁下联箱节流装置"检验内容。

锅炉内检经常会遇到炉内受热面和联箱膨胀受阻问题，所以增加了"i）炉内受热面、联箱膨胀情况"条文。

根据本规程对水压试验的修改，删除了"j）工作压力下水压试验；"条款；

参照 TSG G0001 9.4.6 条和锅炉检验的实际范围删除了"i）大修后检验及调整工作"条款。

14.4.6 检验前的准备。

    a）检验单位应审查锅炉技术资料和检修、运行记录，并制定检验方案；

b）被检单位应做好系统隔绝、安全防护设施、被检部件保温拆除及打磨等准备工作，并根据检验需求予以相应配合。

【解读】新增条文。

检验前的准备工作是锅炉检验的一部分，本次修订参照 TSG G0001 9.4.5 条的要求和电力行业锅炉检验的实际操作程序，增加了"检验前的准备"条款，提出了检验单位及被检单位检验前准备工作的具体要求。

14.4.7　检验结束后，检验单位应根据检验情况和相关规程，对被检锅炉做出安全状况评定及结论，并出具检验报告。

【解读】新增条文。

检验结束后对锅炉进行安全状况评定和提出结论性意见是锅炉检验的一部分，本条是对检验单位提出的检验结论及报告的要求。

14.4.8　在役锅炉可根据锅炉检修、检验需要进行超压或工作压力水压试验。

【解读】新增条文。

首先，根据 TSG G0001《锅炉安全技术监察规程》9.4.2 条规定，水压试验不再是再役锅炉定期检验必须做的检验项目。其次，电厂水压试验主要作用是检查锅炉漏点，并非强度试验。所以，根据特种设备相关法规的变化，本规程规定是否做水压试验以及做工作压力还是超压试验，由电厂或检验单位根据检修及检验需要决定。

14.4.9　水压试验应具备如下条件：

a）汽包、联箱门孔封闭严密，解列不参加水压试验的部件；

b）需要重点检查的部位，保温已拆除；

c）超压水压试验应采取避免安全阀开启的措施；

d）使用两块压力表，压力表精度不低于 1.6 级。

14.8 在役锅炉超压试验一般在锅炉大修最后阶段进行。超压试验应具备以下条件：

　　a）具备锅炉工作压力下的水压试验条件；

　　b）需要重点检查的薄弱部位，保温已拆除；

　　c）解列不参加超压试验的部件，并采取了避免安全阀开启的措施；

　　d）用两块压力表，压力表精度不低于 1.5 级。

【解读】修订条文。

　　根据 TSG G0001《锅炉安全技术监察规程》有关水压试验的规定，本规程已将超压试验和工作压力水压试验统称为水压试验。

　　因此，将原规程"在役锅炉超压试验一般在锅炉大修最后阶段进行。超压试验应具备以下条件"改写为"水压试验应具备如下条件"。

　　将原规程"a）具备锅炉工作压力下的水压试验条件"改写为"a）汽包、联箱门孔封闭严密，解列不参加水压试验的部件"，以求和前面条文表述一致。

14.4.10 水压试验压力。

　　a）工作压力水压试验的压力可按锅炉实际工作压力确定。

　　b）锅炉超压试验的压力，按制造厂规定执行。制造厂没有规定时按表 4 规定执行。

表 4　　　　　　　　　　　锅炉超压试验压力

名　　称	超压试验压力
非直流锅炉本体（不包括再热器）	1.25 倍锅筒工作压力
直流锅炉本体（不包括再热器）	过热器出口工作压力的 1.25 倍且不得小于省煤器工作压力的 1.1 倍
再热器	1.50 倍再热器入口工作压力

14.9 锅炉超压试验的压力，按制造厂规定执行。制造厂没有规定时按表 10 规定执行。 旧版条文

表 10　　　　　　　　锅炉超压试验压力

名　　称	超压试验压力
锅炉本体（包括过热器）	1.25 倍锅炉设计压力
再热器	1.50 倍再热器设计压力

【解读】修订条文。

（1）根据 TSG G0001《锅炉安全技术监察规程》9.6.12 规定，增加了工作水压试验压力的规定。

（2）为了和 TSG G0001《锅炉安全技术监察规程》4.5.6 规定保持一致，将原规程"表 10 锅炉超压试验压力"中的"设计压力"改为"工作压力"。

（3）由于再热器入口和出口工作压力略有差别，明确以入口压力为准，便于现场操作。

14.4.11　水压试验过程

a）工作压力水压试验时，水压应缓慢升降。当水压上升到工作压力后，停止升压，保持压力，检查有无漏泄或异常现象。

b）锅炉进行超压试验时，水压应缓慢地升降。当水压上升到工作压力时，应暂停升压，检查无漏泄或异常现象后，再升到超压试验压力。在超压试验压力下保持 20min，降到工作压力，再进行检查。

c）水压试验时，环境温度不低于 5℃。环境温度低于 5℃时，应有防冻措施。水压试验水温按制造厂规定的数值控制，一般以 30℃～70℃为宜。

d）水压试验用水应符合本规程 11.2.3 规定。

e）保压期间压力下降值应符合 TSG G0001 规定。

> **旧版条文**
>
> **14.10** 锅炉进行超压试验时，水压应缓慢地升降。
> 当水压上升到工作压力时，应暂停升压，检查无漏泄或异常现象后，再升到超压试验压力，在超压试验压力下保持 20min，降到工作压力，再进行检查，检查期间压力应维持不变。
> 水压试验时，环境温度不低于 5℃。环境温度低于 5℃时，必须有防冻措施。水压试验水温按制造厂规定的数值控制，一般以 30℃～70℃为宜。

【解读】修订条文。

（1）本次修订已将工作压力水压试验列为水压试验的一种，增加了工作水压试验过程要求。

（2）原规程中"检查期间压力应维持不变"，易被误解为继续用水泵加压保持试验压力，与 TSG G7002《锅炉定期检验规则》中"保持压力期间应当关闭升压泵，不允许采用连续加压的方式维持压力"要求相左。为了避免误解，予以删除，并增加"停止升压"。

（3）根据本规程 11.2.3 条，增加了水压试验用水的要求。

（4）根据 TSG G0001《锅炉安全技术监察规程》5.2.6 条，增加了保压期间压力允许下降值要求。

14.4.12 水压试验合格标准

a）承压部件无漏水、湿润现象；
b）承压部件无明显残余变形。

> **旧版条文**
>
> **14.11** 超压试验的合格标准：
> a）受压元件金属壁和焊缝没有任何水珠和水雾的漏泄痕迹；
> b）受压元件没有明显的残余变形。

【解读】修订条文。

根据本规程水压试验的规定，将"超压试验的合格标准"改写为"水压试验的合格标准"，并将原条文"a）受压元件金属壁和焊缝没有任何水珠和水雾的漏泄痕迹"改写为"a）承压部件无漏水、湿润现象"，意义不变，更为简洁。

14.5　汽水管道及支吊架检验

14.5.1　主蒸汽管、再热蒸汽管和主给水管及其附件应定期检验。检验内容和要求及部件更换按 DL/T 647 和 DL/T 438 执行。

旧版条文

14.19　主蒸汽管、高温再热蒸汽管弯头运行 5 万 h 时，应进行第一次检查，以后检验周期为 3 万 h。

若发现蠕变裂纹、严重蠕变损伤或圆度明显复圆时应进行更换，如有划痕应磨掉。

给水管的弯头应重点检验其冲刷减薄和中性面的腐蚀裂纹。

【解读】修订条文。

主蒸汽管、再热蒸汽管和主给水管及其附件的检验在 DL 647 和 DL/T 438 有详细的要求，本次规程修订在 8.3 条也提出了一些具体要求，因此这里只提出原则性要求，删除了原规程检验周期、更换、检查重点等具体内容。

14.5.2　主蒸汽管道、再热蒸汽管道和主给水管道及高低压旁路等管道的支吊架应定期检查调整。检查内容和要求及部件维修调整按 DL/T 616 执行。

旧版条文

14.20　管道运行中应检查支吊架有无松脱、卡死以及管道的膨胀情况，检修时应按设计要求进行调整和修复，并做出记录。

【解读】修订条款。

与 14.5.2 条相同，仅提出管道支吊架检验的原则要求，具体检验可按 DL／T 616 执行。

14.6 在用压力容器检验

14.6.1 在用压力容器检验包括运行状态下的年度检查、停机状态下的定期检验和耐压试验。

【解读】新增条文。

参照 TSG 21《固定式压力容器安全技术监察规程》7.1.2 和 8.1.1 条，增加了压力容器检验类别的描述。

参照 TSG 21《固定式压力容器安全技术监察规程》有关在用压力容器检验的名称，将原规程"外部检验""内外部检验"改写为"年度检查"和"定期检验"，与 TSG 规程保持一致。

14.6.2 在用压力容器年度检查可由使用单位专业人员进行，也可委托特种设备综合检验机构进行。

【解读】新增条文。

年度检查属于压力容器使用单位的安全管理工作，依据 TSG 21—2016《固定式压力容器安全技术监察规程》的规定，年度检查可由使用单位的安全管理人员组织经过专业培训的作业人员进行，也可委托有资质的特种设备综合检验机构进行。

14.6.3 压力容器每年应进行一次年度检查。检查内容应包括压力容器安全管理情况、压力容器本体及运行情况和压力容器安全附件。检查中发现的安全隐患应及时消除。

【解读】新增条文。

参照 TSG 21《固定式压力容器安全技术监察规程》7.1.12 条和 7.3.1 条，规定了年度检查周期及检验内容。

14.6.4 压力容器应根据安全状况等级和检验周期进行定期检验：

a）安全状况等级为 1 级、2 级的，一般 6 年一次；

b）安全状况等级为 3 级的，一般 3 年～6 年一次；

c）安全状况等级为 4 级的，应监控使用，其检验周期由检验机构确定，累计监控使用时间不得超过 3 年；

d）安全状况等级为 5 级的，应对缺陷进行处理，否则不得继续使用；

e）压力容器安全状况等级按照 TSG 21 评定，符合其规定条件的，可适当缩短或延长检验周期。

14.12 在役压力容器的定期检验种类和周期规定如下：

a）外部检验：每年至少一次。

b）内外部检验：结合大修进行。压力容器安全状况等级 1 级～3 级，每隔 6 年检验一次；3 级～4 级，每隔 3 年检验一次。

原条文 14.13　有以下情况之一时，压力容器内外部检验周期应适当缩短：

a）多次返修过的压力容器；

b）使用期限超过 15 年，经技术鉴定确认需缩短周期的；

c）检验员认为该缩短的。

【解读】修订条文。

由于 TSG 21《固定式压力容器安全技术监察规程》在容器检验方面已有详细规定，此条引用了 TSG 21《固定式压力容器安全技术监察规程》8.1.6 规定，将原规程 14.12、14.3 条合并成一条，对不同安全状况等级压力容器的检验周期及处理做出规定，并将原规程 14.13 条简化为 14.6.4 e）条。

14.6.5　新装压力容器投用 3 年内应进行首次定期检验。

【解读】新增条文。

根据 TSG 21《固定式压力容器安全技术监察规程》8.1.6 条，

增加了新压力容器投用后首次定期检验周期的要求，以便及时了解新容器投入运行后的状况。

14.6.6 压力容器定期检验以宏观检查、壁厚测定、表面无损检测为主，必要时可采用超声、射线、硬度、金相等检验方法。

【解读】新增条文。

根据 TSG 21《固定式压力容器安全技术监察规程》8.3.1 条，增加了压力容器定期检验方法的描述。根据电力行业压力容器的特点，仅包括了定期检验的基本检验方法。

14.6.7 使用或检验过程中，对压力容器安全状况有怀疑时，应进行耐压试验。

> **旧版条文**
>
> **14.14** 压力容器耐压试验是超过最高工作压力的液压试验或气压试验,其周期为 10 年至少一次。耐压试验的要求、试验压力、合格标准按劳动部《压力容器安全技术监察规程》执行。有以下情况之一时，经内外部检验合格后，必须进行耐压试验：
>
> a）修理或更换主要受压元件；
> b）对安全性能有怀疑时；
> c）停用两年重新使用前；
> d）移装；
> e）无法进行内部检验的。

【解读】修订条文。

根据 TSG 21《固定式压力容器安全技术监察规程》8.3.13 条规定，压力容器耐压试验已不是按周期必须做的检验项目。所以删除了原规程 14.14 条大部分内容，简化为"使用或检验过程中，对压力容器安全状况有怀疑时，应进行耐压试验"。

14.6.8 压力容器定期检验的内容按 TSG 21 和 DL/T 647 执行。除氧器年度检查和定期检验应同时符合原能源部《电站压力式除氧器安全技术规定》(能源安保)〔1991〕709 号）有关要求。

> **14.15** 在役压力容器的外部、内外部检验内容按部颁《电力工业锅炉压力容器安全性能检验大纲》和劳动部《在用压力容器检验规程》执行。除氧器按《电站压力式除氧器技术规定》执行。 〔旧版条文〕

【解读】修订条文。

关于检验内容 TSG 21《固定式压力容器安全技术监察规程》和 DL/T 647《电站锅炉压力容器检验规程》已有明确规定，本规程不再重述。《电站压力式除氧器安全技术规定》是在总结历史经验教训的基础上专门制定的针对除氧器安全的技术规定，其中对除氧器检验提出的一些针对性要求至今没有新的规程可以替代，因此本规程中保留了原规程中对除氧器的检验要求。

14.6.9 压力容器检验前的准备和检验结论，参照本标准 14.4.6 和 14.4.7 条执行。

【解读】新增条文。

与本规程 14.4.6 相同，增加了检验前的准备和检验结论的要求。

本次修订删除了原规程"14　检验"中的 14.16、14.17 条和 14.21 条。

> **14.16** 在役主蒸汽管、再热蒸汽管和主给水管及其附件的技术状况应清楚明了。若无配制、安装等原始资料或对资料有怀疑时，应结合大修尽快普查，摸清情况。
> **14.17** 主蒸汽管、高温再热蒸汽管的蠕变测量应由专人负责。测量工具应定期校验，并及时正确地记录测量和计算结果。测 〔旧版条文〕

量间隔、测量和计算方法按 DL 441《火力发电厂高温高压蒸汽管道蠕变监督导则》执行。

主蒸汽管、高温再热蒸汽管的检验周期、更换标准按 DL 438《火力发电厂金属技术监督规程》的规定执行。

工作温度为 450℃的中压碳钢主蒸汽管应加强石墨化检验。运行 10 万 h 后应进行石墨化检查。当有超温记录、运行 15 万 h 或正常工况下运行达 20 万 h 时必须割管检查。

焊接接头、管材石墨化达 3 级~4 级时应进行更换。

14.21 在役锅炉和主要受压管道检验后应将检验结果记入锅炉和管道技术档案，并填写锅炉登录簿。在役压力容器检验后填写在用压力容器检验报告书。

【解读】

（1）原规程 14.16 条是当时历史条件下，针对许多电厂四大管道原始资料不全、技术状况不清的情况提出的要求。经过多年普查及老旧机组淘汰，此类问题已经基本解决。近年来新建机组四大管道资料已经比较规范，已没有必要进行普查，所以删除原规程 14.16 条。

（2）原规程 14.17 条中的"主蒸汽管、高温再热蒸汽管的蠕变测量"已不是管道检验项目。管道检验周期及内容已在本规程 14.5.2 中做了规定，故删除原规程 14.17 条。

（3）原规程 14.21 条中的锅炉压力容器检验报告及档案管理，已在本规程 13.1.1、13.1.2 条中有详尽规定，故删除原规程 14.21 条。